ねことハルママ

1

NEKO TO HARUMAMA

モンがきた！ハルがきた！

春花ママ＋ジョジー
瀬川千秋［訳］

さくら舎

ハルママ一家

モン

ハルママをとりこにした
超マザコンの長男

ハル

ボスタイプで、
兄弟姉妹を仕切る
頼もしい次男

クウ

穏やかで優雅な
美形の長女

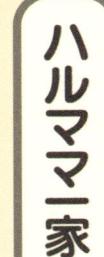

ミア

ちょっとヘソ曲がりな
メンクイの次女

ハルママ

動物のことばを解すアニマル・コミュニケーター。迷子のモンを保護してからねこのとりこに。日々、ねこから学び、人よりねこと話している時間のほうが長い

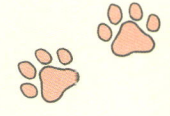

預かりねこたち

チョビ

ハルママはじめての預かりねこ
ケガにより断尾手術を受けた男の子

マメ

ハルママがはじめて
預かった乳飲みねこ

トラ

お腹に寄生虫がいて
保護された女の子

ミカン

ハルママの友人に引き取られた男の子
クウに片想い

ハチ

少々、能天気なヤンチャ坊主

もくじ

Chapter 2

ハルとハルママ

Chapter 3

クウとミア

Chapter 4

預かりねこたち

ねことハルママ1

モンがきた！　ハルがきた！

ある日の電話
うちの子 最近 一日中 からだをなめてて…
ペロ
ペロ
環境も体調も特に変わりはないんですが
おたく ベランダ あります？
ええ それが？
茶白の男の子が遊びにきてませんか？
そういえば きてますね

その子がおたくのねこちゃんに
からだを白くする方法を教えたんですよ
ずっとなめてるとぼくみたいに白い毛が生えてくるよ
ほんと⁉
うちの子にいいかげんなことを
でも　ありがと
これですっきりしたわ
どういたしましてねこちゃんによろしく

ふぅ
本日の相談終わり
モンいたの？
いい子で待ってたでしゅ
そうね
なでなでしてニャ
私はハルママ動物のことばがわかる
今お腹すいたでしょしたくするよ
ンニャ
そこでアニマル・コミュニケーターをしている

この仕事に特殊な
能力はいらない
ただ純粋に動物と
心を通わせるだけ
鶏肉とトマトがあるか
彼らの声を伝えてあげれば　飼い主はよりよいパパやママになれる
ご飯だよー
今日も食いつき良好
これは　私に
たくさんのことを
教えてくれた
わが家のねこと
保護ねこたちをめぐる
愉快でちょっぴり
切ない物語

Chapter 1

モンとハルママ

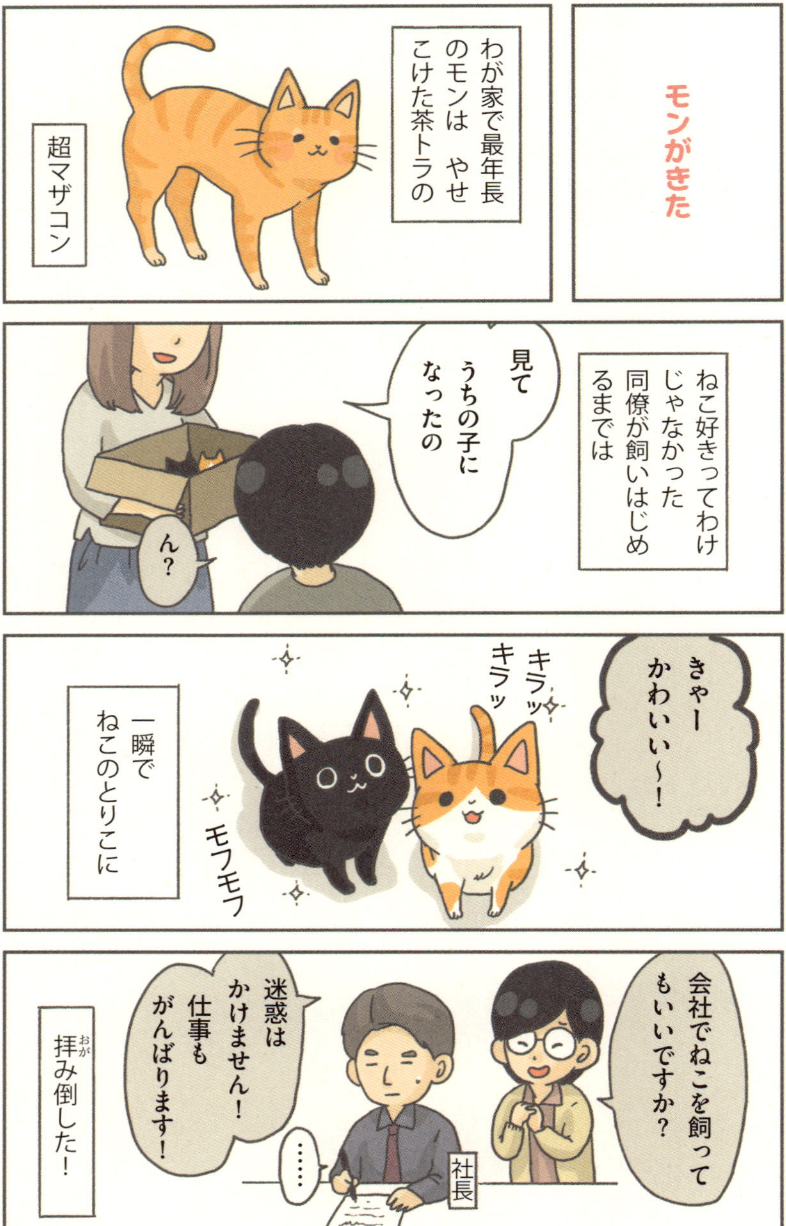
モンがきた
わが家で最年長のモンは　やせこけた茶トラの
超マザコン
ねこ好きってわけじゃなかった同僚が飼いはじめるまでは
見て うちの子になったの
ん？
きゃー かわいいい～！
キラッ キラッ
モフモフ
一瞬で ねこのとりこに
会社でねこを飼ってもいいですか？
迷惑はかけません！ 仕事もがんばります！
社長
……
拝《おが》み倒した！

そしてつぃに
里親を探してる
かわいい茶トラが
いるよ
どこっ！
台風の中レスキューされた子ねこ
ずぶ濡れで鳴いてたらしい
はじめてのニャンコ
君は今日から
モンだよ
ガツ
ガツ
たくさんあるから
ゆっくりお食べ
モンの目はブルー
だから会話は
いつも英語
Hi, how's your day?
Are you
hungry?
You are my baby!
?
イミフ

モンはキーボードで寝るのが好き
マウスがおもちゃ
ペシッ
ペシッ
隙間にはとりあえず入ってみる
わっ いたの⁉
会議には必ず出席

お先に～
お疲れ
ヨイショ
今晩も会社に泊まり？
うん　モンだけじゃ心配だから
うわー
マザコンになっちゃうよー
ママー寝るでしゅ
いいの
いつまでもマザコンでいてね！

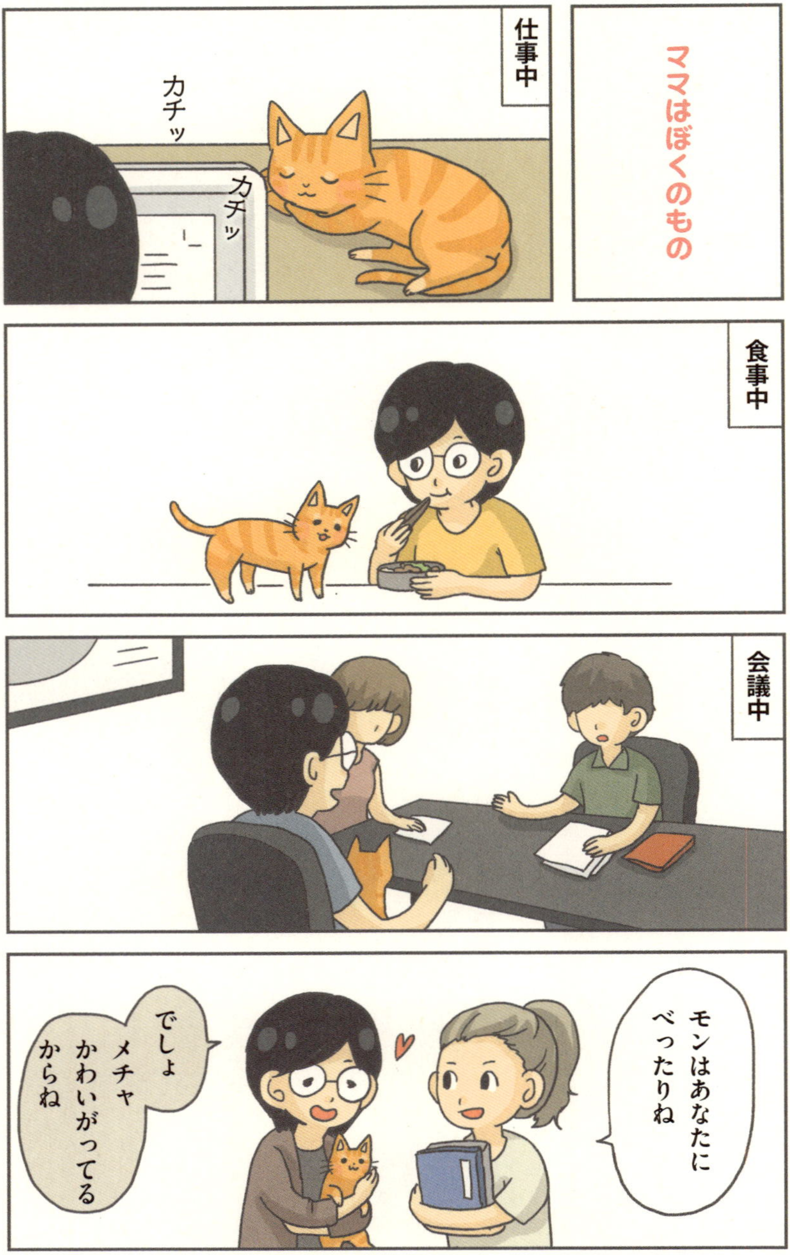
ママはぼくのもの
仕事中
カチッ
カチッ
食事中
会議中
モンはあなたにべったりね
でしょ メチャ かわいがってる からね

でも
そんなモンが豹変するときがある
新入りの弟や
ママに近づくニャ！
ハル
クウ
ママはぼくのものニャ！
新入りの妹
ここはぼくの縄張りニャ！
預かりねこがきたとき

大丈夫！隔離したから！
バタン
追放するニャ！
モン すごく悪い顔になってるよ
フンギャ
お友だちになれない？
なれニャイ！
追いだすニャ！
よしよし
はあぁ
ねこは個性豊かな生きもの 性格は変えられない
出てけー！！
失せろー！！
コーフンしないで
モンの新ねこ嫌いは何年も続き 彼らを隔離するほかなかった

医者がこわい
先生
モンを連れてきました
！
えーと
ぼくは今日非番で…
コソコソ
隠れないでください！
モンの医者嫌いは去勢手術がきっかけだった
よし
縫合しよう
はい
え？ ちょっ…
パチッ
動いたぞ！

ミャオー
ドタン
バタン
げっ！起きた！
押さえろ！
なんでやねん！
フギャー！
この子は麻酔が効きにくいたちで
縫合中に覚醒しまして
フンギャー
えー！そ、それで？
なんとか終えましたが
パニックになってます
ウギーーーー！
歯石を取ったときも
うそだろーっ！
またたよ
麻酔を増やしたんですが
ジタ
バタ

次の方
モン君！
先生
お願いします
ズラーリ
以後の受診は
病院のスタッフ
総動員となった
モン
お注射は
あなたのためよ
先生を困らせ
ないでね
ママー
わざとじゃ
ないんだヨ
わかってるって
いっしょに
がんばろうね
ンニャ
いい子！

病気⁉
タタタタタッ
鬼だじょー
キャッ
キャッ
パタン
ゼーゼー
次はかくれんぼするニャ！
ひ
ひとりでやってくれ！
ゼーゼー
モンは元気で活発なねこだった
2歳の誕生日までは…
あー
また⁉
ゲポッ
先生　このごろ毎日のように吐くんです
過敏性の胃腸炎かもしれません
ひとまずフードを替えてみましょう

食事について勉強を始めた
なるほど
モンは何らかの穀物の不耐症かも…グレインフリーのフードにしてみるかな
主食用とおかず用いろんな味のねこ缶をそろえたよ
モンのお好みはどれかな
数週間後
ピチャピチャ
よしよし
嘔吐《おうと》が3～4日に1回に減った
よくなってるね
ところが…
検査の結果モン君はIBD※とわかりました
※炎症性腸疾患
根治のむずかしい疾患です

IBDは嘔吐や下痢をくり返す慢性疾患
症状を緩和するには薬物療法と食事管理が必要だ
トントン
これに加えて漢方薬による体質改善も試してみた
ステロイドの長期使用も心配だし
からだの負担を減らすにはどうすれば…
モン 腸疾患
クウ 同じく最近吐く
ミア 体重管理が必要
いっそ手づくりご飯にしてみる？
というわけで食材を吟味し試行錯誤を重ね
なんとか食べてもらえるねこご飯が完成

そして
モンたちにもっと
寄り添うため
ペット可の部屋に
引っ越し　仕事も
在宅に切り替えた
1年半後
嘔吐が1～3週間に1回
IBDのねことしては
非常に良好な経過です
よかった～
がんばります！
動物の慢性疾患は
多い　完治しない
と聞くと　心が
折れそうになる
はぁ
苦しむあなたを
見るのがつらいわ
?
でも　病気からの
贈りものもある
ともに闘い
つらい現実を
受け入れ
わが子と
より強い絆で
結ばれるのだ

Chapter 2

ハルとハルママ

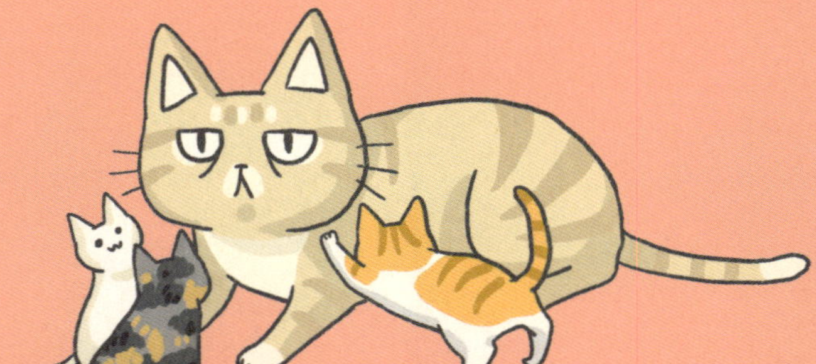

ハルがきた
エキゾチック・ショートヘアっぽい この子を飼おうと思うんだけど
かわいいね 穏やかそうだし
最初 ハルは友人が飼う予定だった
こないだ言ってたねこ どうなった?
飼うよ 地方のブリーダーなんだけど届けてくれるって
純血種のねこは遺伝性疾患を発症しやすい 飼う前に下調べし細心の注意が必要だ

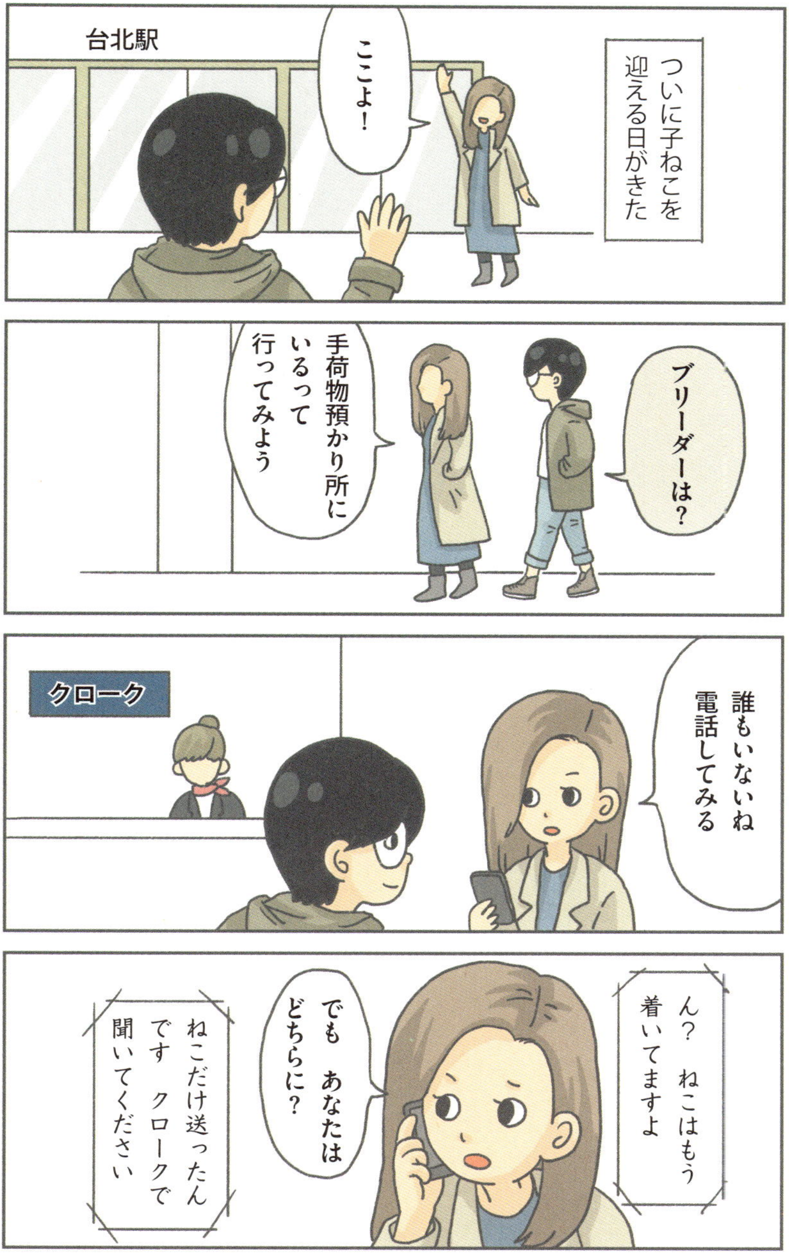
ついに子ねこを迎える日がきた
ここよ！
台北駅
ブリーダーは？
手荷物預かり所にいるって行ってみよう
誰もいないね電話してみる
クローク
ん？ ねこはもう着いてますよ
でも あなたはどちらに？
ねこだけ送ったんです クロークで聞いてください

たしかに今日の午後
届いています
小包はこちらです
小包⁉
なんてこと！
アセアセ
あり得ない！
ひどすぎる！
子ねこを何だと
思ってるのよ！
ほんとに
入ってる！
息してる？
無責任すぎる
いやー！
ゲッソリ
脱毛
ただれ
涙目
鼻水
これがハル
との初対面

多難なスタート
楽しみにしていたお迎えがこれとは…
重度の真菌症※アレルギー性皮膚炎 それにヘルペス 免疫力がとても低下しています
※カビによる感染症
完治までには時間がかかると覚悟してください
あんまりだわ 小包で送るなんて! しかもひどい病気じゃない!
ほかのねこと交換しますか?
そういう問題じゃない! この子は返しません!
絶対 元気に育ててみせる あなたもがんばるのよ!
焦《あせ》らずに治療しよう きっとよくなるよ

子ねこ飼育の経験がある私がひとまずハルを預かって世話することになった
ううう…
大丈夫だよ
腹が立つ〜
ハルのようなねこは世の中にいっぱい
愛くるしい子ねこの背後には　いい加減な繁殖によるさまざまな先天性・後天性疾患の問題がある
モン　ただいま〜
誰を連れてきたと思う?
ニャニー誰ニャー
早く見せろって?

ジャーン！ちっちゃいニャンコですぅ
仲よくしてあげてね！
キャーーーーーー！
フンギャーーーーーー！
ねこ飼い初心者ゆえの過《あやま》ちでした

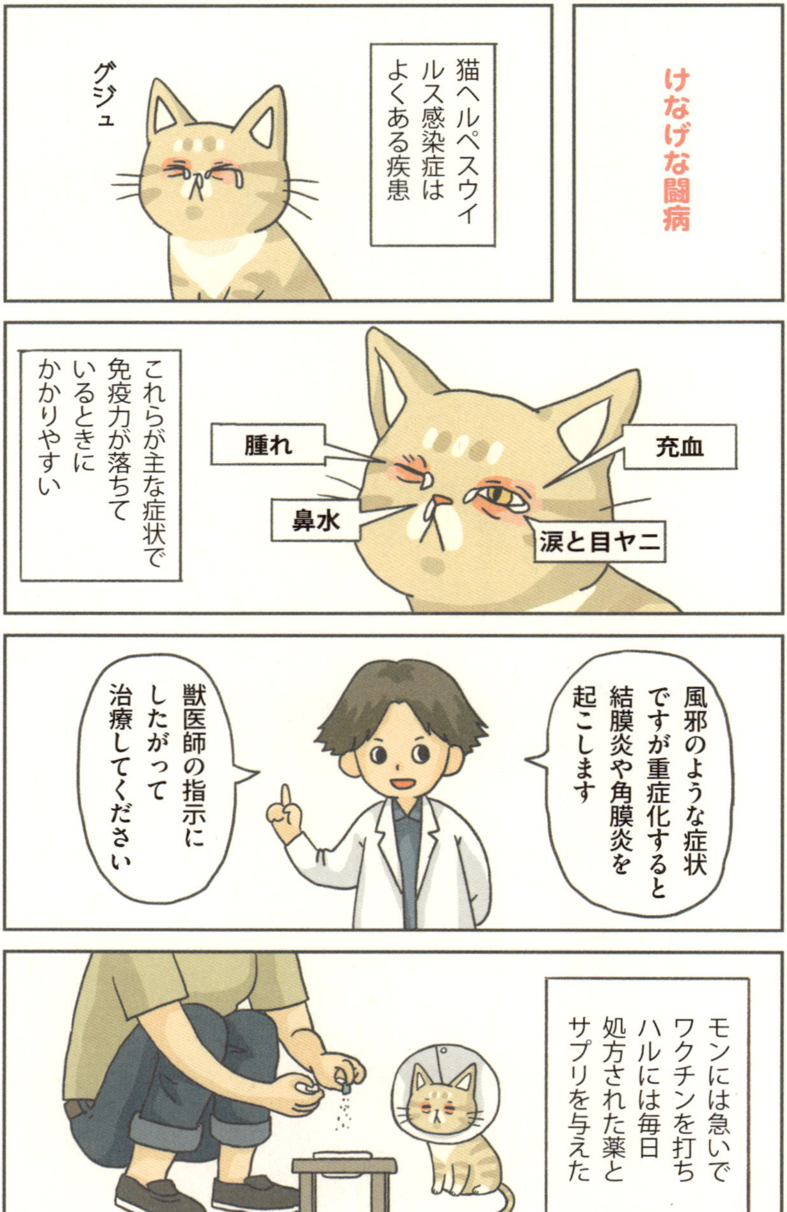
けなげな闘病
猫ヘルペスウイルス感染症はよくある疾患
グジュ
充血
腫れ
鼻水
涙と目ヤニ
これらが主な症状で免疫力が落ちているときにかかりやすい
風邪のような症状ですが重症化すると結膜炎や角膜炎を起こします
獣医師の指示にしたがって治療してください
モンには急いでワクチンを打ちハルには毎日処方された薬とサプリを与えた

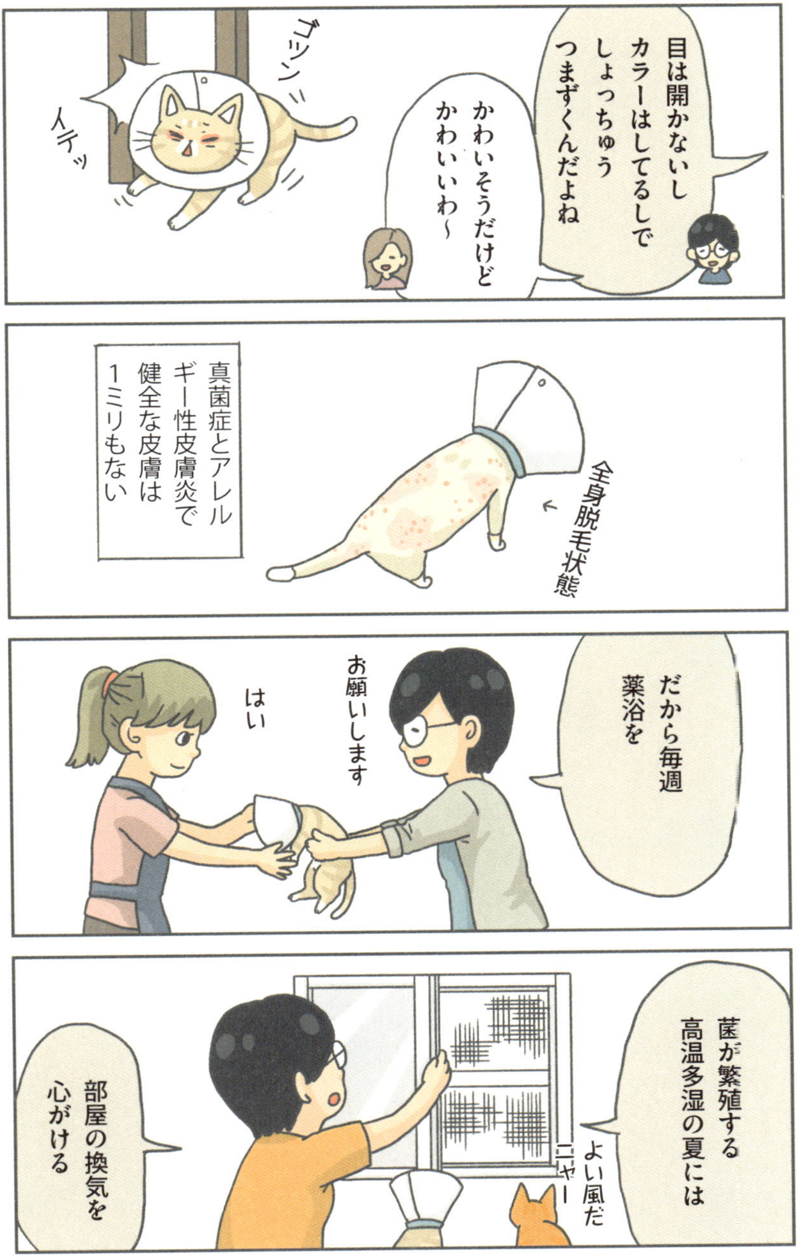
目は開かないし
カラーはしてるしで
しょっちゅう
つまずくんだよね
かわいそうだけど
かわいいいわ～
ゴツン
イテッ
全身脱毛状態
真菌症とアレル
ギー性皮膚炎で
健全な皮膚は
1ミリもない
だから毎週
薬浴を
お願いします
はい
菌が繁殖する
高温多湿の夏には
よい風だ
ニャー
部屋の換気を
心がける

原因の特定はむずかしいけど　少しでもアレルゲンを取り除くために掃除もこまめに
ウェットフードを増やして無添加の手づくりご飯も
ま　こちらの苦労も知らず　手づくりになかなか慣れてくれなかったけど
体力の回復を待って予防接種ができたのは生後8ヵ月になってからだった
つらい時間ではあったけど　ハルは毎晩私の懐《ふところ》で眠った
なつかしいな

事務所の暮らし
ペロ
ペロ
ペロ
……
兄ちゃん
兄ちゃん
遊ぼ?
寄るニャッ!
バコッ
こら!

ハハ
モンはほんとにハルを毛嫌いしてるね
うーん いきなり2匹を会わせた私のせいだわ
でもハルは懐《なつ》っこいから皆にかわいがられるんだよね
ハル君おいで
遊ぼうぜ
モンが妬《や》かない？今までここで1匹だけだったのに
おや きたね
ピョン
大丈夫 モンはママさえいればご機嫌なの
はいはい ごちそうさま

申しわけない
家に連れ帰ったとたん　真菌症が再発しちゃって
いいよ　また世話するよ
あたしの腕前ちょっとは見直した？
はう
教わった通りにしたのに　なんでダメだったのかな
あ　逃げた
モンと遊びたいんだね
ハムハム
トテトテ
ミャオ
フーーーッ！
ぼくのだ！
ほんとにめげないね
ははは

兄弟になる
ミャオ
しっしっ！
あっち行け！
4ヵ月たっても
2匹の距離は
縮まらなかったが
モンが
生後6ヵ月を
過ぎたある日…
兄ちゃんの
去勢手術が
済んだよ
?
キョセイ？
ん？
え…
どういうこと
ニャ？

まわりが真っ白ニャ！
あたま…ニャンだこれ！
ポンポンが見えニャイ！
えーん　ポンポンなめられニャイー！
誰か！
助けてくれニャ！

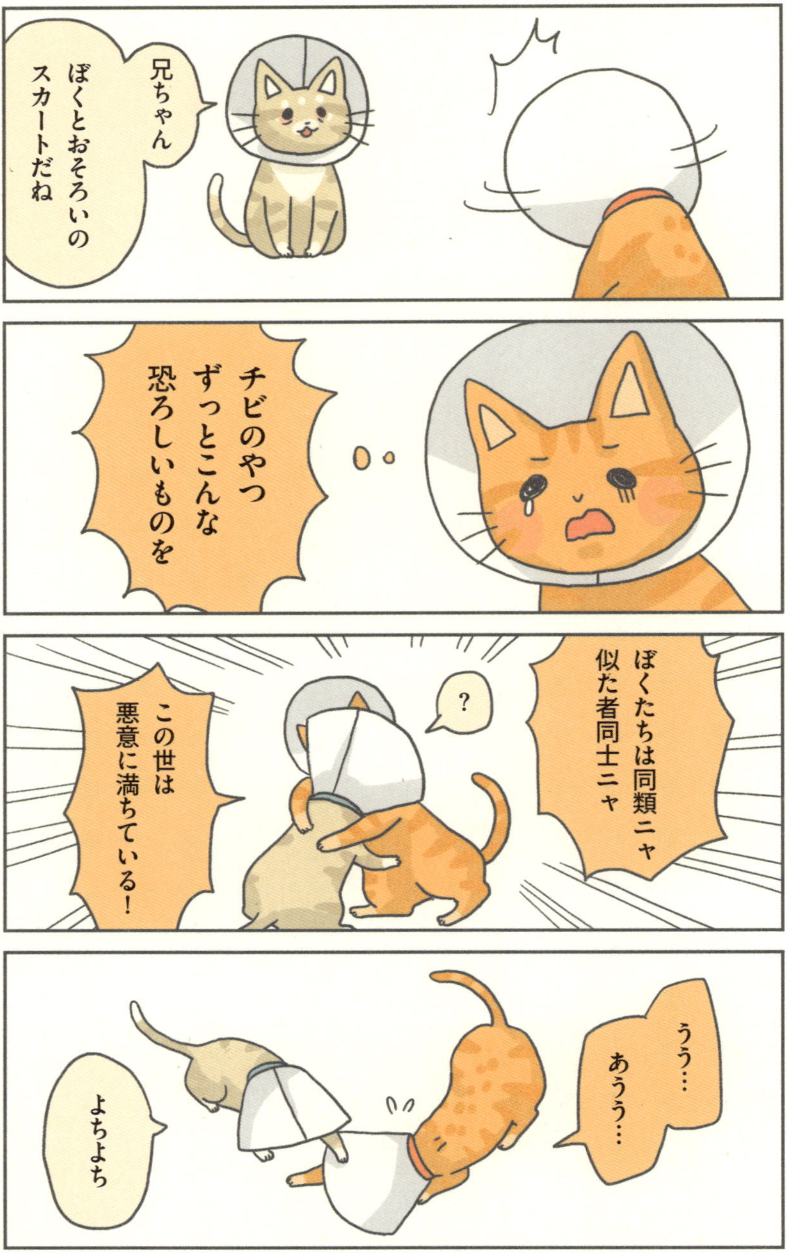
兄ちゃん
ぼくとおそろいの
スカートだね
チビのやつ
ずっとこんな
恐ろしいものを
ぼくたちは同類ニャ
似た者同士ニャ
?
この世は
悪意に満ちている！
うう…
あうう…
よちよち

モンハル
会議終わったよー
なんということでしょう!
はじめて見る夢のような光景

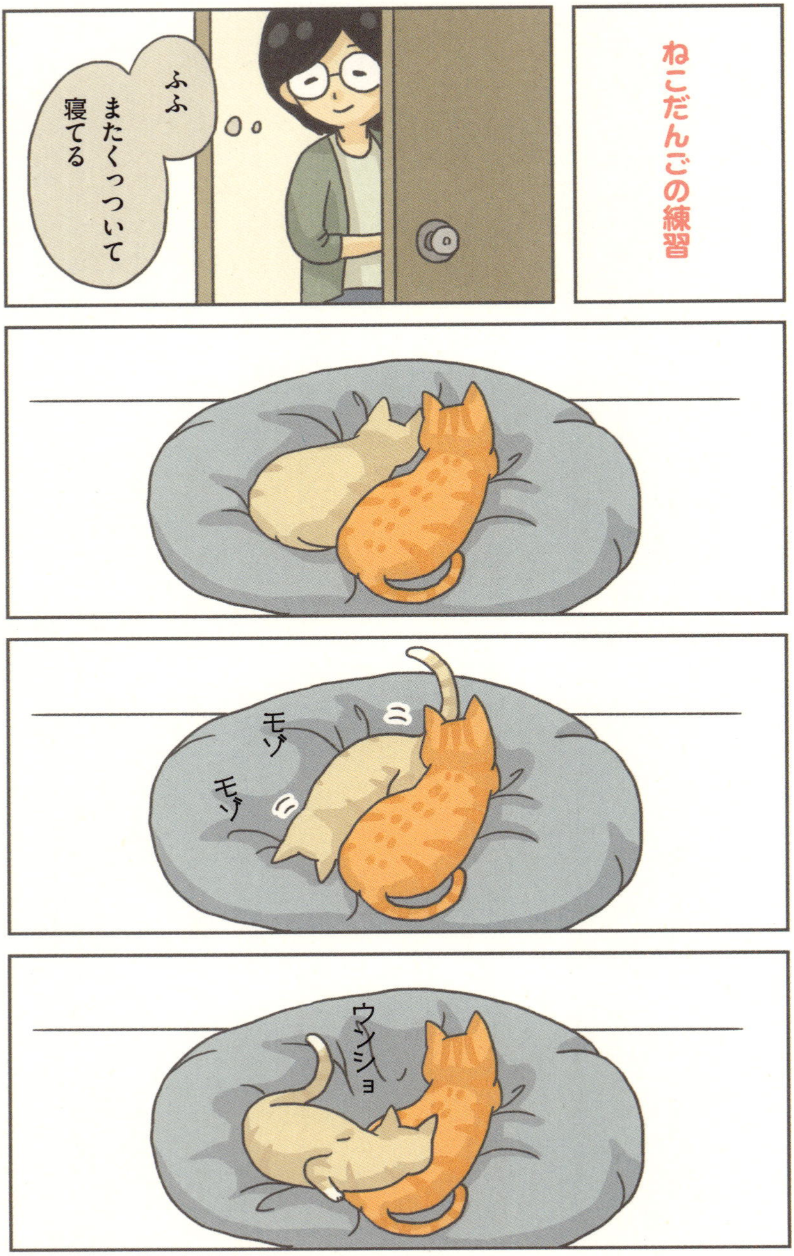
ねこだんごの練習
ふふ またくっついて寝てる
モゾ モゾ
ウンショ

コラショ
ダラ〜ン
カシャ
モン
重くないの？
いつの間にか
スマホは
モンとハルの
ツーショットで
いっぱい

ねこだんご かわいい
モフモフの2色だんご…
こんな険悪な時期もあったっけ
……
こんなことや
あんなことや
でもハルはいつか
ほんとのママの家へ帰るんだよね
う…
どっちも愛してる！
ハル　あたしを忘れないで！
?
?

私にくださいー！
ペロン
ペロン
ラブラブね いつ見ても くっついてるわ
うん 見てるだけで 癒《いや》される
で 今日は何か？
あー えーと
グワシッ
お願いがあります！

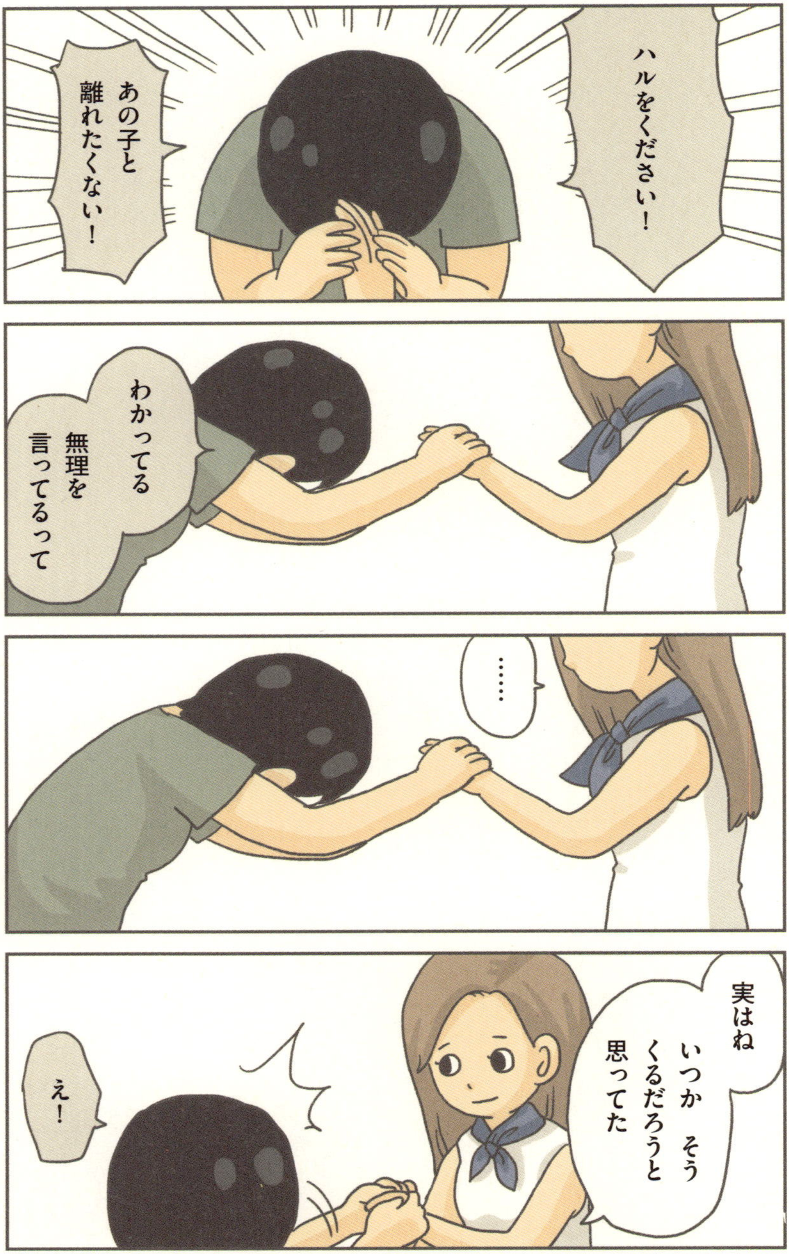
ハルをください！
あの子と離れたくない！
わかってる無理を言ってるって
……
実はね　いつかそうくるだろうと思ってた
え！

ハルも私の家より
ここにいるほうが幸せそう
それに
彼らを引き離すのは忍びないわ
ハルはすっかり元気になった
あなたのおかげよ
あなたのほうが
ハルのママにふさわしい

じゃあ
うちの子にして
いいの！
うん
コクッ
ううう！
ありがと！
ほんとに！
かわいがって
やって
約束する！
兄ちゃん
どうしたん
だろね？
ヒクッ
ヒクッ
さあ…

ボス誕生
モン1歳
ハル8ヵ月
もともと ミックスねこより立派な骨格を持つ品種のハル
大福がいつのまにか肉まんに…
キリリッ
ジー
何でござる？
すごい威圧感
あの いたいけなハルはどこへ

モンとハルの関係も逆転
モンがハルにつきまといだした
ハルは預かりねこの教育もぬかりない
パコン
ちっこはトイレでしな！
ふ～ん これはハルの地位が上がった兄貴分になったってことなのか
たしかに貫禄《かんろく》がついたもんね
でも子ねこには何をされてもとてもやさしかった
ニイニ
ハルニイ
兄たん
小さな預かりねこたちはハルが大好き

人間なら
コワモテだけど面倒見のいい保育士さんって感じ？
ハルが仕切ってくれるからママも助かるでしょ
そりゃぁハルは毎日…
まだ寝てるんすか？
そのデカい頭をもっと有効に使えば？
ちゃっちゃとしたくをしなよ
くっちゃべってないで先に仕事を済ませちゃえば？
あたしにもやさしくしてくれ！

Chapter
3

クウとミア

クウがきた
待てー
ゼーゼー
止まるニャー！
ししんどい…
朝から晩までハイパーなモンのおかげでハルはバテバテ
モンにタフな相棒を探してあげるかな
8ヵ月の黒ねこを保護しています
お見合いしてみます？
さっそく会いにきました
いらっしゃい今 食事タイムですけど
ペチャ
ピチャ

こちらです
なんでこの子だけトイレで？
食いしん坊でほかの子のフードを横取りしてしまうんですよ
おかわりー
こんなにかわいいのになかなか里親が見つからなかったんですね
黒ねこは人気が今一つでねぇいい子なんだけど
かくしてクウをハルママ家に迎えることとした
うちのお兄ちゃんたちはご飯を横取りされても怒らないからね

妹ができた
モンとハル
女子ニャ
だな……
…
意地悪はしないけど
相変わらず新ねこが
苦手なモン
クウも警戒
していたが
ハルは女子の
扱いが巧み

クウが心を許すと
ちょっとずつ
距離を縮め
パンチを食らっ
ても反撃せず…
ベイビー
安心しな
あたしだって
女子なんだよ！

大食い女王
保護主さんからの伝言
クウは大食いですから フードは多めに やってくださいね
おお すごい早食い だね
ガフッ
ガフッ
え もっと? じゃあもう ひと缶
残りは お兄ちゃんたち にあげようね
もっと
おかわり
2個目も 完食しそうだ
ガフッ
ガフッ

エーーッ！まだいく？
もっとー
おかわりー
吐くまで食べる気か？
もっと
もっと
カラ～ン
冗談抜きで大食いだったのね

ごちそうさま
君たち　妹が終わるまでよく待てたね
ここでは誰もご飯を取らないとわかってきたクウ大食いはしだいにおさまった
※安心させるためエサ皿は１つ余分に置いておく
でも孤食が習慣になっていたクウは皆が終わるまで食べに行こうとしなかった

欲張りなお兄ちゃんたちだったら クウの分なくなってるよ
お兄ちゃんやさしいもん
ほかの子たちが食べている間はクウを別の部屋で遊ばせたり
お兄ちゃんたちには内緒だよ
空腹でがっつかないように先におやつを少しやることもある
子ねこには飢餓感《きがかん》を抱かせない安心して食べてこそ健康に育つのだ
あたしもおかずを捕まえたわよ
……

ベッピンさん
クウ　そんなところで何してるの?
ママン　風のささやきを聞いてるの
フードを横取りされる不安が解消しクウは穏やかで優雅なねこへと変貌
食事はほかの子たちが終わってから　最後にゆっくり食べる

しかもクウはそれはそれは美人さんなの!
ほかの子たちも認める美貌なのよ
たしかにベッピンだな
美ねこでしゅね
ぼくらのマドンナさ
お姉ちゃんエレガント
ま　あたちには負けるけど
ハルママの友人の♂ねこ
クウにのぼせる男子はあとを絶たなかった

カノジョ！
名前何ていうの？
ぼくはミカン
つきあわない？
ちょっとぉ　おたくの息子
クウに会うなり言い寄ってるんだけど？
愛らしいカップルね！
ハン
つきまとわないでよ！
スタッ
待ってよ
シャーーーッ！

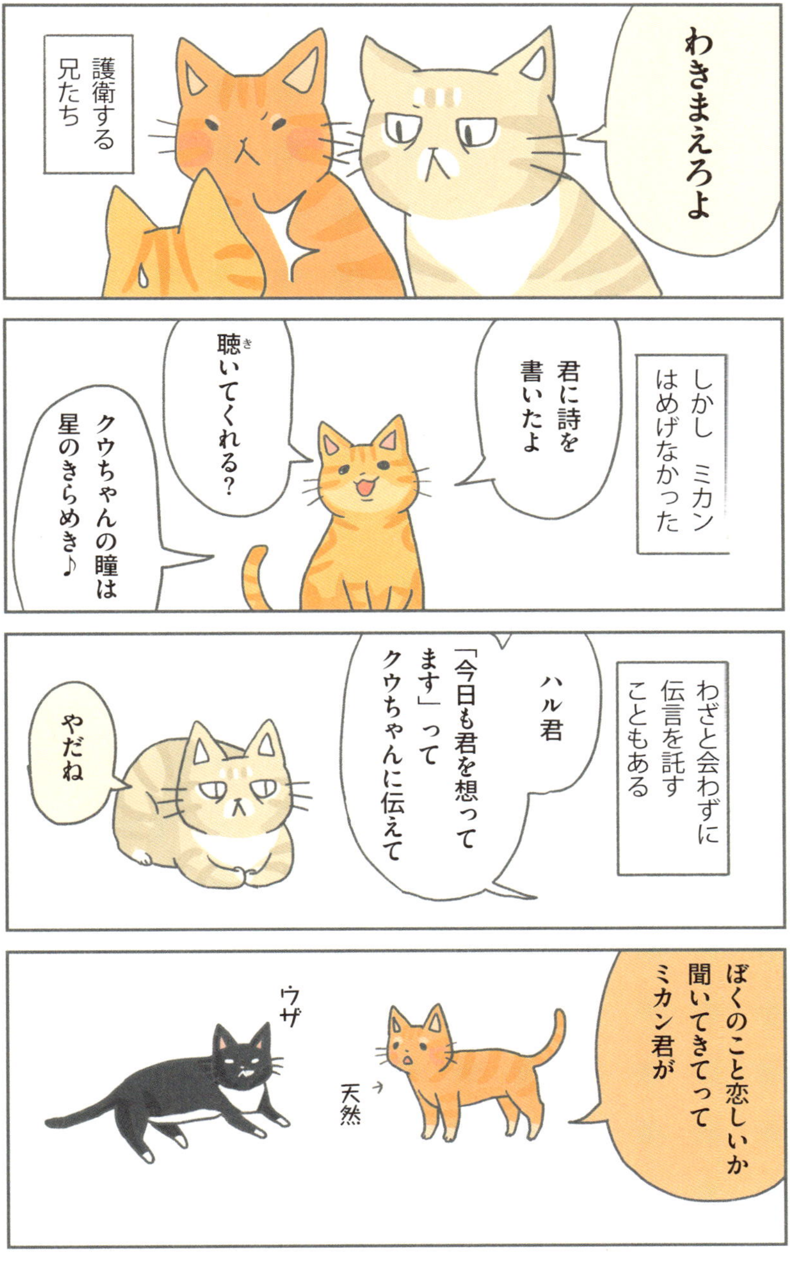
わきまえろよ
護衛する兄たち
しかし ミカンはめげなかった
君に詩を書いたよ
聴《き》いてくれる?
クウちゃんの瞳は星のきらめき♪
わざと会わずに伝言を託すこともある
ハル君「今日も君を想ってます」ってクウちゃんに伝えて
やだね
ぼくのこと恋しいか聞いてきてってミカン君が
天然
ウザ

ミアがきた
預かりねこ卒業
やれやれ　ちょっとのんびりできるかなぁ
ルル　ルル
交通事故に遭った子ねこがいるんだすぐきて！
甘かった
うわっ！こりゃヒドイわ
クタ～
轢《ひ》き逃げだよピクリともしないんだ
骨盤のダメージがひどいな手は尽くすけど神経もやられてるかも
助けて！

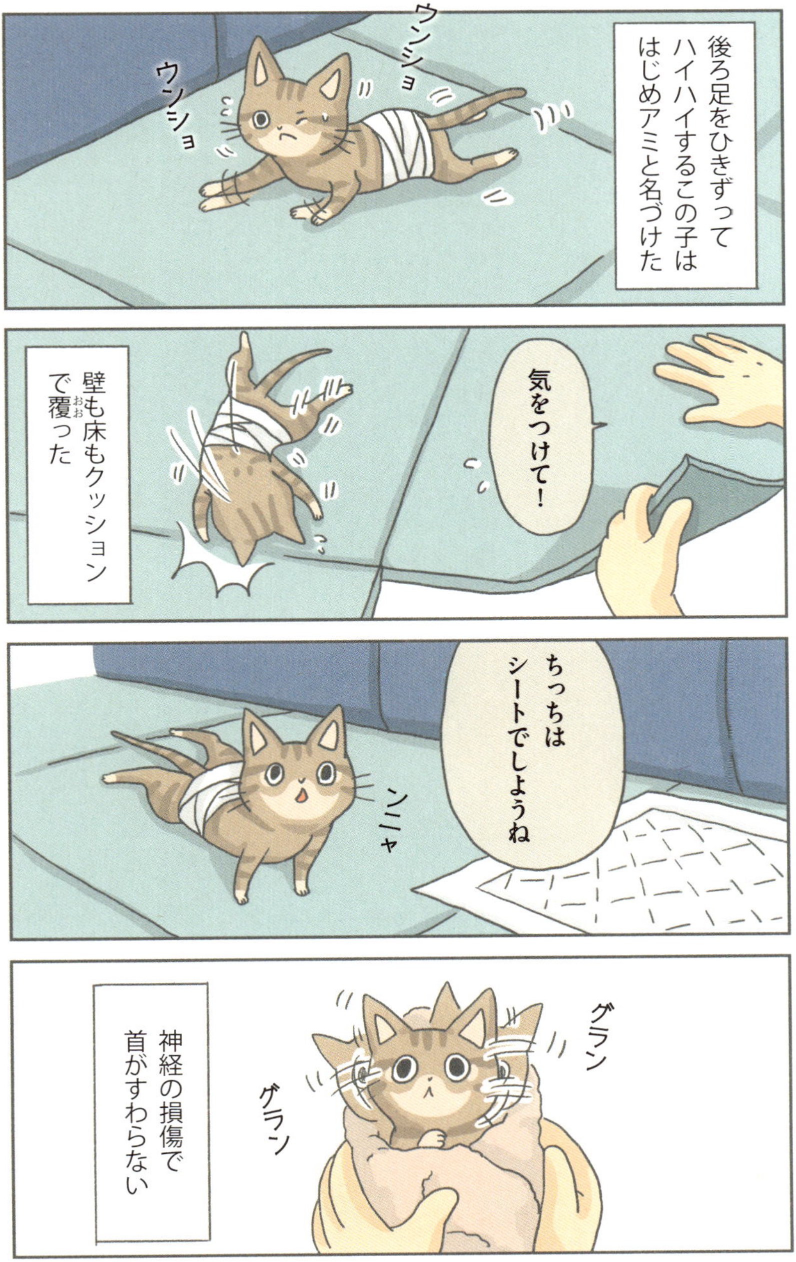
後ろ足をひきずって
ハイハイするこの子は
はじめアミと名づけた
ウンショ
ウンショ
気をつけて！
壁も床もクッション
で覆《おお》った
ちっちは
シートでしようね
ンニャ
グラン
グラン
神経の損傷で
首がすわらない

その食べっぷりなら
元気になるよ
ガツ
ガツ
明日は神経科で
診てもらおうね
残念ですが神経の回復
はむずかしいでしょう
処置がもう少し
早ければ……

ズリズリ
この子は一生ハイハイなんだろうか
お腹～～しゅいた～～
モリモリ
……
生きようとしてる……あたしもガンバ！

数週間後
傷口はふさがったね
筋肉組織が壊死《えし》してない
から歩ける可能性もゼロ
じゃないよ
こうやって下半身
を支えて
立てるってことを
わからせてやるんだ
ヒョイ
おー!
踏ん張ってる!
少なくとも
左脚はいけそうだ
グッ
すごい!
これから毎日やろう!
リハビリを続け
少しずつ左脚を頼り
に歩くようになった
ヨタ
ヨタ
いいぞ　アミ!

次つぎにくる預り
ねこもアミの遊び
友だちになった
ミヤウ!
ヨロッ
ハチ兄ちゃん
ぼくがついてる
皆が応援してくれ
てる　アミはきっと
よくなるよ

あんよを返して
数ヵ月後
今日は何しゅるの？
だいぶ下半身がしっかりしてきたね
右脚は相変わらず不安定ですが歩行は問題ありません
採血の結果も異常なし
何が始まるでしゅか？
では避妊手術しましょう

数時間後
ん?
んんん?
アミ　目が覚めたね
じゃ　帰ろうか?
麻酔が完全に抜けるまで休んでいようね
あたちのあんよなくなっちゃった?

たたちゅけて！
?
あんよ！
ズリ
どこいったでしゅか？
ズリ
あんよが消えた～！
ドスン
バタン
ブルルン
アミ！暴れないで！
ケガするよ！

安心して！
あんよはあるよ
ムギュウ
ここに入って
まず落ち着こうね
出ちて！
あんよは？
アミ
脚のことずっと
気にしてたんだね
絶対に歩ける
ようにして
やるよ

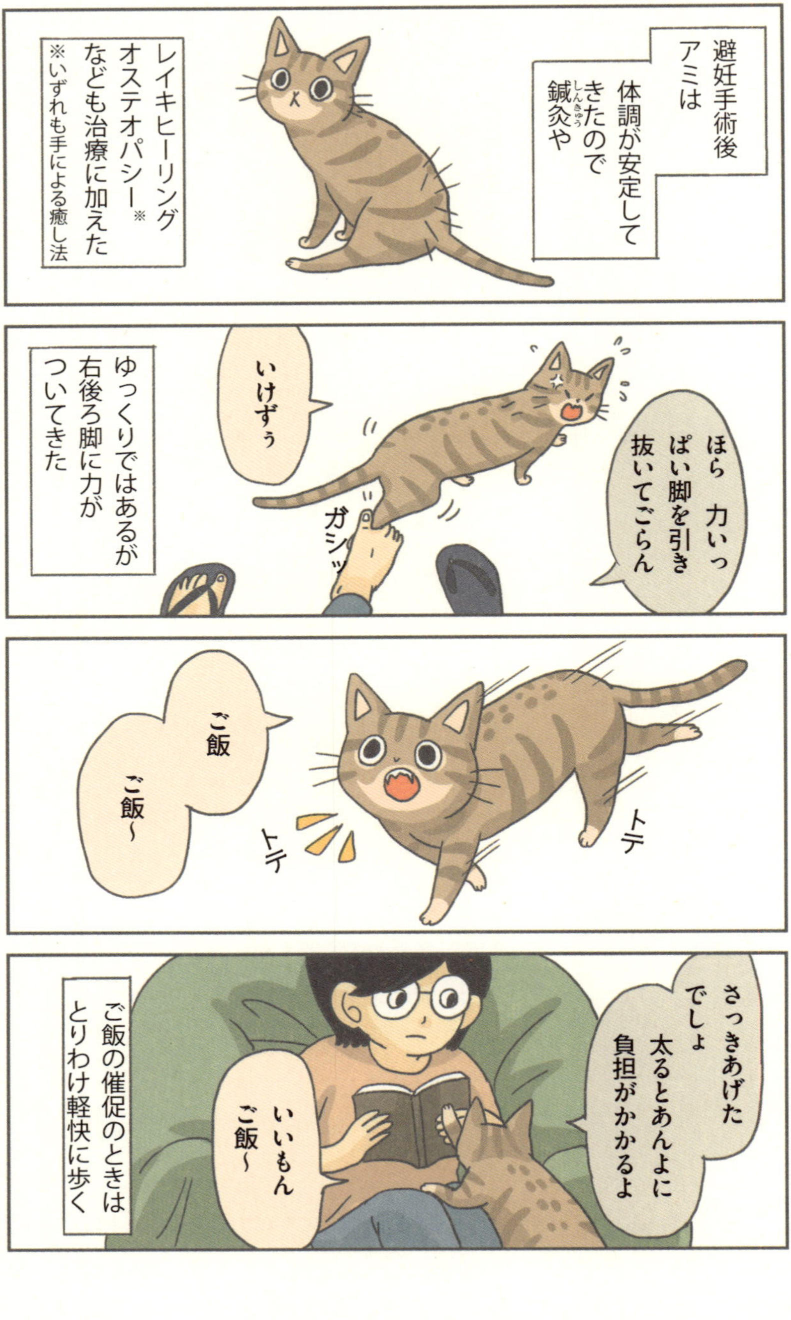
避妊手術後アミは
体調が安定してきたので鍼灸《しんきゅう》や
レイキヒーリングオステオパシー※なども治療に加えた
※いずれも手による癒し法
ほら 力いっぱい脚を引き抜いてごらん
ガシッ
いけずぅ
ゆっくりではあるが右後ろ脚に力がついてきた
トテ
トテ
ご飯
ご飯～
さっきあげたでしょ 太るとあんよに負担がかかるよ
いいもんご飯～
ご飯の催促のときはとりわけ軽快に歩く

ハルママ家のある一日

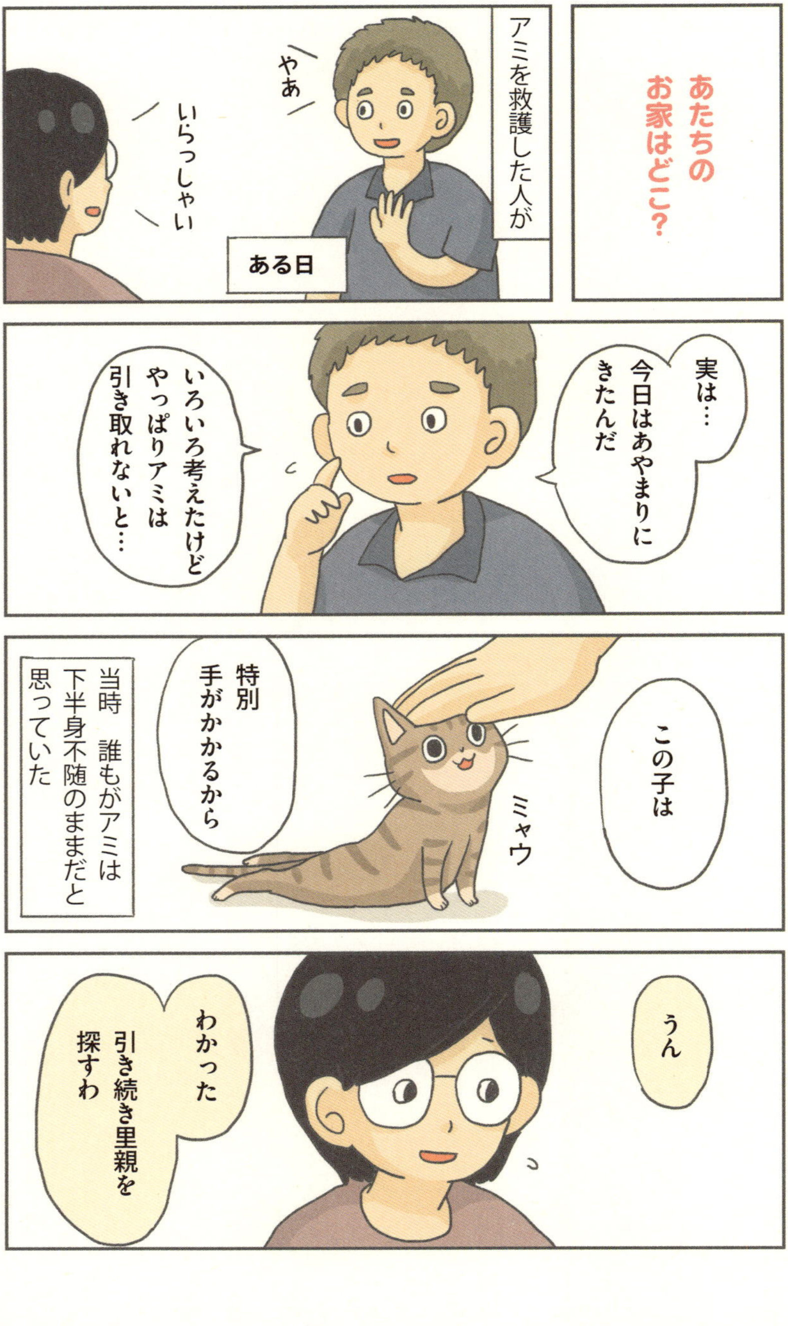
あたちの
お家はどこ？
ある日
アミを救護した人が
やあ
いらっしゃい
実は…
今日はあやまりに
きたんだ
いろいろ考えたけど
やっぱりアミは
引き取れないと…
この子は
ミャウ
特別
手がかかるから
当時 誰もがアミは
下半身不随のままだと
思っていた
うん
わかった
引き続き里親を
探すわ

その後…
アミ
またきたよ
会うたびに
かわいくなるね
早く連れて
帰りたいわ
今度こそお見合い
成功かな
よしよし
アミ
おいで
帰国の日が
決まったら
連絡しますね
ええ
お待ちして
ます

あたちのパパは背が高くて
ママは美人さんだね
そうね　すぐに迎えにきてくれるからね
もっと元気になって
新しいお家に行こうね
あい！
しかし……
申しわけありません
帰国が延期になりまして…
わかりました
ごめんね
アミ
新しいお家に行けなくなっちゃった

フッ
アミ…
アミの里親探しは難航した
失望の連続…

決めた
名前　変えるでしゅ
へ？
何でまた突然に
皆に好かれる名前にするでしゅ
そうしたらパパママが見つかるかも
おーー！ポジティブシンキング
で　どんな名前にするの？
んーと
えーと

ミ
ミア！
引っくり返しただけ？
モン ハル 聞いてた？
あの子「ミア」って言った？
母ちゃんが聞いたとおりだよ
確かに「ミア」って言った
ヒソヒソ
あたちは「ミア」よ
かわいいでちょ
この日からアミはミアになった

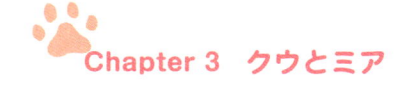

あたちの王子さま
ピンポーン♪
クルリ
新居がわが家のこんな近くだとは
そうなのいつでも遊びにきてね
大学時代の先輩
久しぶりだなぁ
大学時代の同級生
2年ぶりだわね
ミアそんなところで何してるの？
……

お兄さんとお話ししゅる
ハルママ通訳してくだしゃい
ぼく？
はじめまして
あなたが
しゅきでしゅ
え？
しゅき？
しゅてき！
今まで会った中で一番しゅてき！

ミアは…あなたが好きですすって
えー
ピョコタ～ン
ミアちゃんはぼくが好きなんだ！
はは ねこに好かれるタイプなのかな
ヘアスタイルもお鼻もステキ背も高くてカッコいい
彼になって
棒読み
何ていい子なんだありがとうミアちゃん
今日から君の彼だよ
ハンッ！

こんなに愛されてるんだからちょくちょくきてリハビリしてやって
いいよ ぼくとがんばろうな
以後 種を超えた恋愛（?）模様が繰り広げられた
ガンバレ ガンバレ
ここまでおいで
ぼくの好きなCD持ってきた
いっしょに聴こう
お姉ちゃんはあたちの彼の彼女だから あたちの彼女でもあるよね
ロジック→
そうね
すばらしき愛の力

あたしには一度も愛してるって言ってくれないのね
こんなにかわいがってるのに
は？あたちはメンクイなの
鏡見てみて
ビュー
待って～
あたちの名前を考えてふたりだけのときに呼ぶの
そうだね
フローラはどう？花と春の女神だ
……
王子さま
フローラ
勝手にやって！

王子さま
フローラ

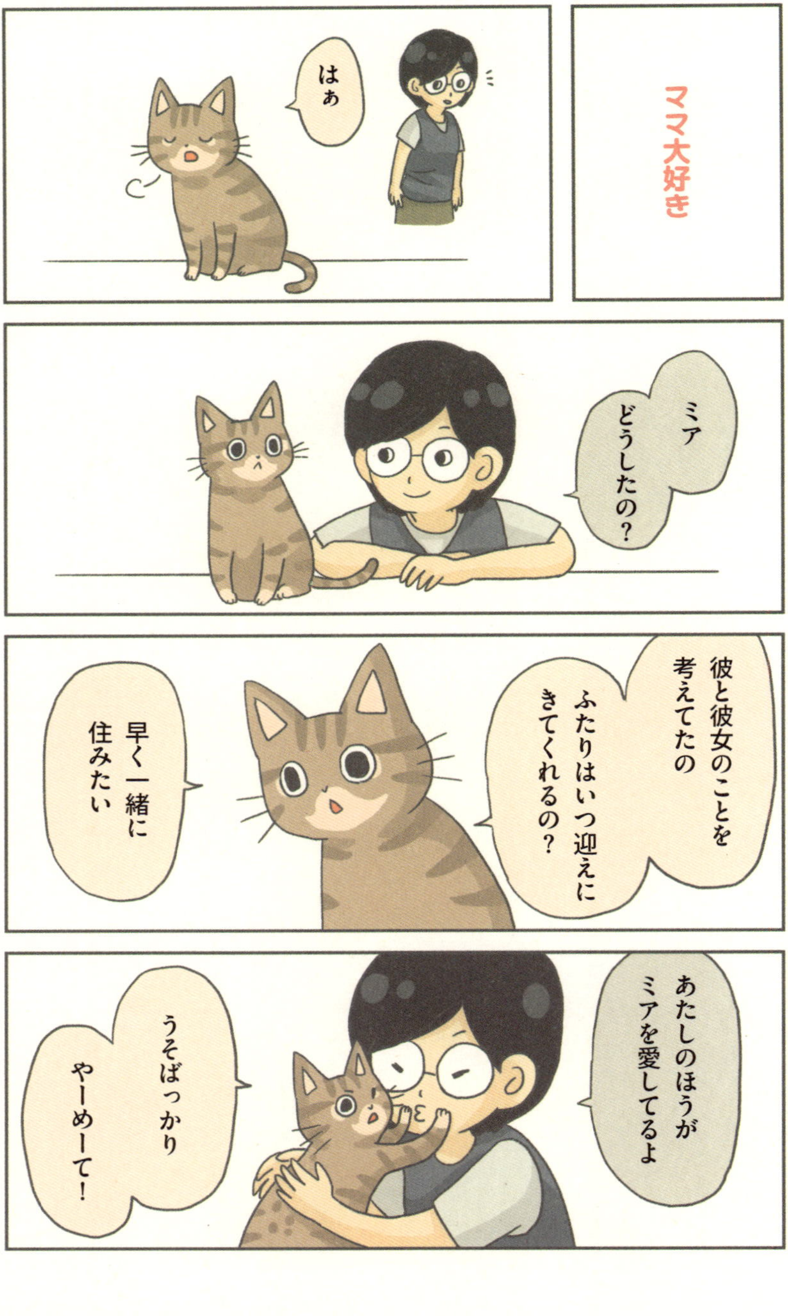
ママ大好き
はぁ
ミア どうしたの？
彼と彼女のことを考えてたの ふたりはいつ迎えにきてくれるの？
早く一緒に住みたい
あたしのほうがミアを愛してるよ
うそばっかり やーめーて！

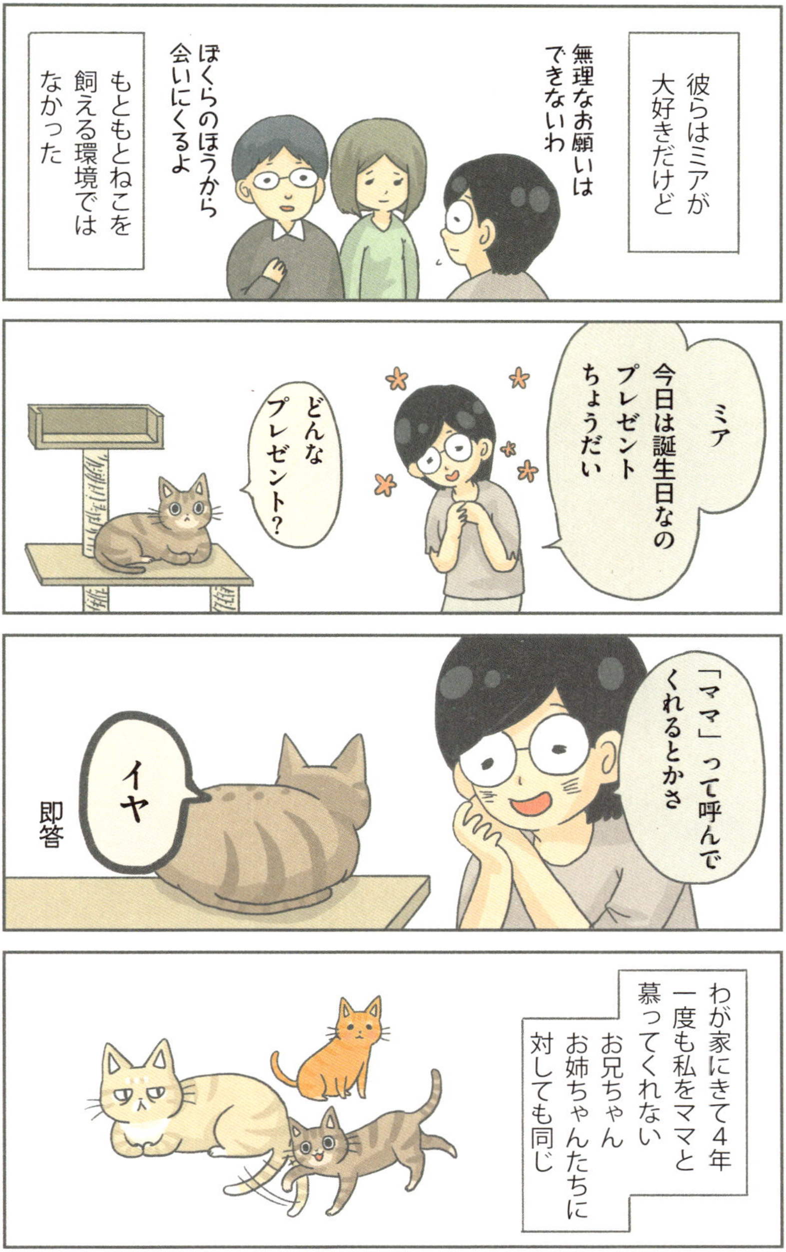
彼らはミアが大好きだけど
無理なお願いはできないわ
ぼくらのほうから会いにくるよ
もともとねこを飼える環境ではなかった
ミア 今日は誕生日なのプレゼントちょうだい
どんなプレゼント？
「ママ」って呼んでくれるとかさ
イヤ
即答
わが家にきて4年一度も私をママと慕ってくれない
お兄ちゃんお姉ちゃんたちに対しても同じ

ミア
彼と彼女がもうすぐ
結婚するわ
ケッコンって？
つまり…
ふたりで新しい
家庭をつくるの
……
じゃあ　あたちは
どうなるの？
ミア
あなたの家は
ここなのよ
あなたを愛してる
ママもいるでしょ？
フンだ
いらない
あたちは
ひとりで
いいもん
……

やがて…
ほら　すてきな
新郎新婦ね
お祝いにミアの
クッションを
特注したわよ
代わりに毎日
抱っこしてもらおうね
やだ
この子たち
かわいくない
そうだね
ミアのほうが
かわいい　ママは
ミアが大好き
スタッ
ママじゃない
もん
嫌い！

さあて
寝ようか
ケケケケケケ
変な声出して
笑ってるのは
ムギュッ
どこの子だ?
マ…マ
ボソッ
え?
ママ

い 今 何て?
何て言ったの?
も一度言って!
ううん あと100回 言って!
やーめー
ウソじゃないよね?
からかってるんじゃないよね?
明日になっても 心変わりしないでよ!
静かに! ねんねちな
ママコーフンしすぎ
いじけてた娘が心を開いた夜

Chapter
4

預かりねこたち

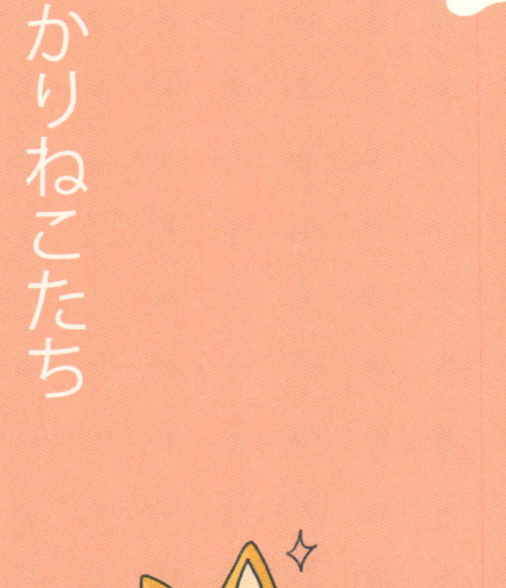

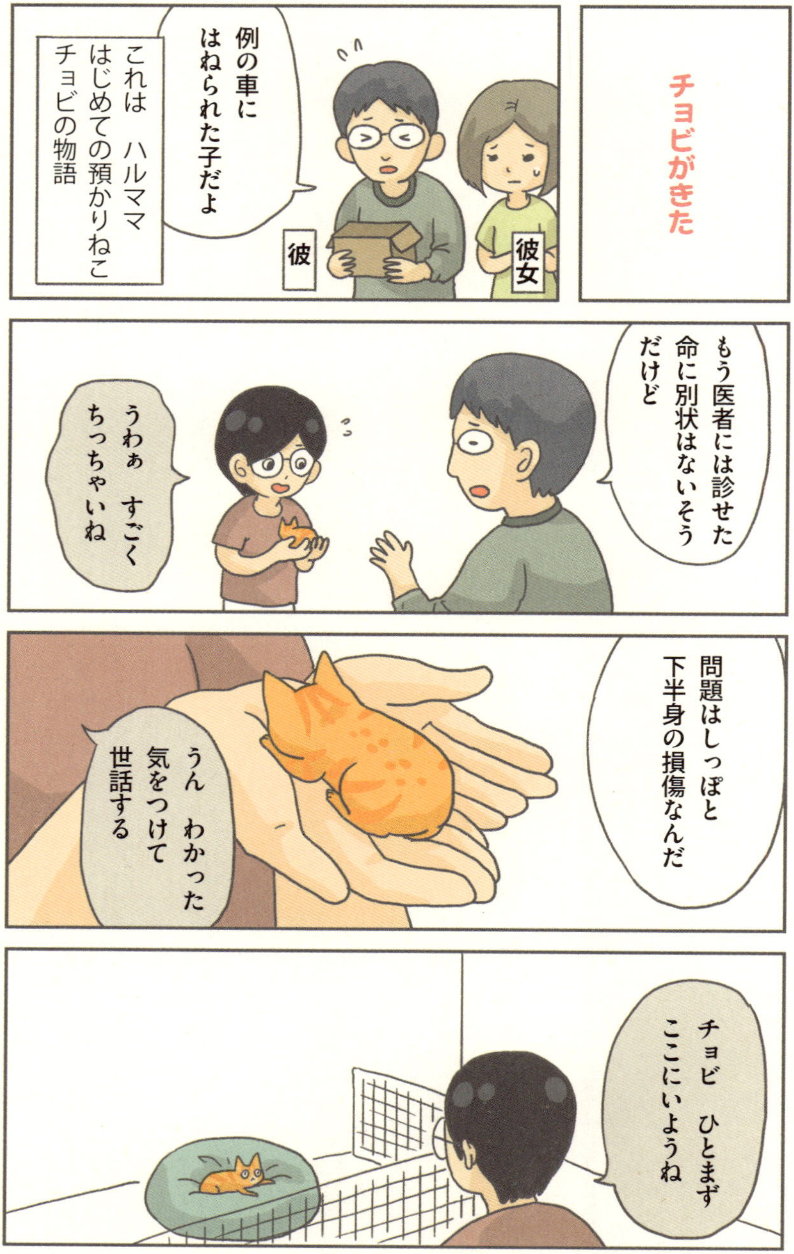
チョビがきた
例の車に はねられた子だよ
これは ハルママ はじめての預かりねこ チョビの物語
彼女
彼
もう医者には診せた 命に別状はないそう だけど
うわぁ すごく ちっちゃいね
問題はしっぽと 下半身の損傷なんだ
うん わかった 気をつけて 世話する
チョビ ひとまず ここにいようね

ソローリ
ヨイチョ
ヨイチョ
ハル 子ねこをいじめちゃだめよ
ペロリン
ちいさなチョビが気になって仕方がないハル保育士モードに入った様子
かわいい奴だな
・・・

ケガでしっぽが萎縮
コントロールがきかないチョビ
がんばってたっち！
トテッ
う！
うーん
バランスがとれないね
神経の損傷でしっぽが反応しないんだね
切断を考えてもいいかもしれない
それはかわいそうな気が…
よく考えてみてください
切断すれば自由自在に動けるようになるかもしれない
でも　ねこの平衡感覚にしっぽはとっても大事
切っちゃっていいの？
抱っこさせろ

ある日
ソファに乗りたいのかな？
ブラ〜ン
ドテッ
大丈夫？頭打ってない？
最近　しっぽが青黒いし　毛が抜け続けてるんです
うむ
切断しないとまずいな

しっぽよりいのち
熟慮の末チョビの断尾手術を決断した
お願いします
大丈夫！
手術完了
医者
医者
うまくいきましたよ
よかった！ありがとうございます
院長
どうぞこちらがしっぽです
ヒェーーーー！
パァ〜ン
院長カンベンして

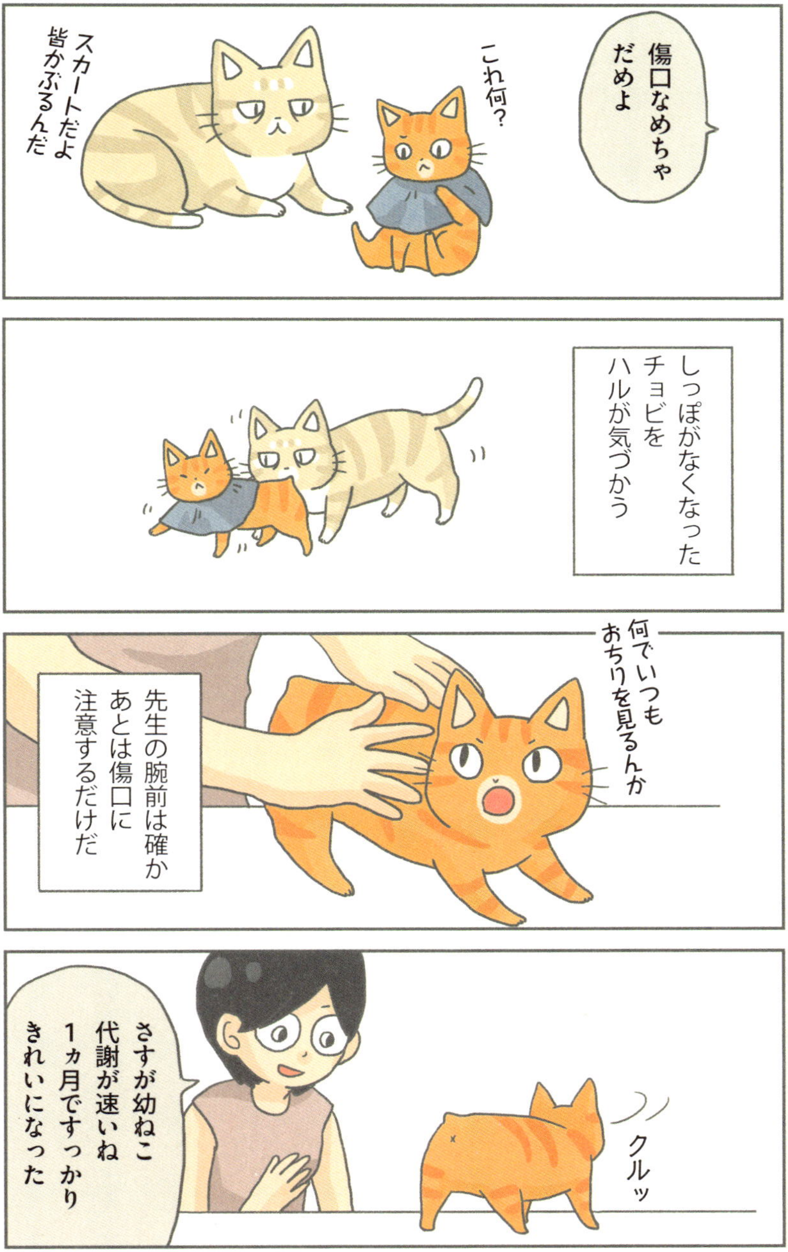

傷口なめちゃだめよ
これ何?
スカートだよ皆かぶるんだ
しっぽがなくなったチョビをハルが気づかう
何でいつもおちりを見るんか
先生の腕前は確かあとは傷口に注意するだけだ
クルッ
さすが幼ねこ代謝が速いね1ヵ月ですっかりきれいになった

断尾したらなんと チョビの愛くるしさがアップ
プリプリ
かわいいぼくちん
頼んだわよ
ちゃんと世話するよ
この子を不幸にしたら許さないからね
はい
チョビは後輩にもらわれていった
泣くなハル また会えるよ
目にゴミが入っただけっす

年末年始に 再び一時預かりでハルママ家に戻ってきたチョビ
数日間お世話になります
チョビ久しぶり〜
さっそくハルとくっついてる
おい! ちょっと顔かせニャ
誰に断ってハルちゃんにゴロニャンしてるニャ
オラオラ
つけあがるニャよ
モン あんたチンピラか

マメがきた
ハルママ！いぬに咬《か》まれた子を救助したんだけど一時　応援を頼めますか？
いいわよ！今すぐ行く！
面倒かけます
気にしないでこの子ね？
間一髪でいぬから引き離したんです
ちっさ まだ乳離れ前じゃない
リハビリしないと立ちあがることもヨチヨチ歩きもできないままだと思うんです
将来的には飼ってやりたいんですけど

まずは　わが家で
育児とリハビリ
がんばりましょ
ミルクボランティア開始
完全に隔離できないんで
ひとまずこの中にいててね
キャワ
新顔だ
お皿に猫砂を広げた
トイレとフードボウル
を対角に設置
気持ちよさそうに
まどろんでる
ポカ
ポカ
→マメと命名

マメちゃん おっぱい飲もう
乳飲みねこには数時間に1回子ねこ用ミルクを与える
うっくん
うっくん
ゆっくり ゆっくり
飲み終わったら背中を軽くたたいてゲップをさせる
クフッ
その後 綿棒や湿らせたティッシュでお尻まわりを刺激し排泄を助ける
チョイ

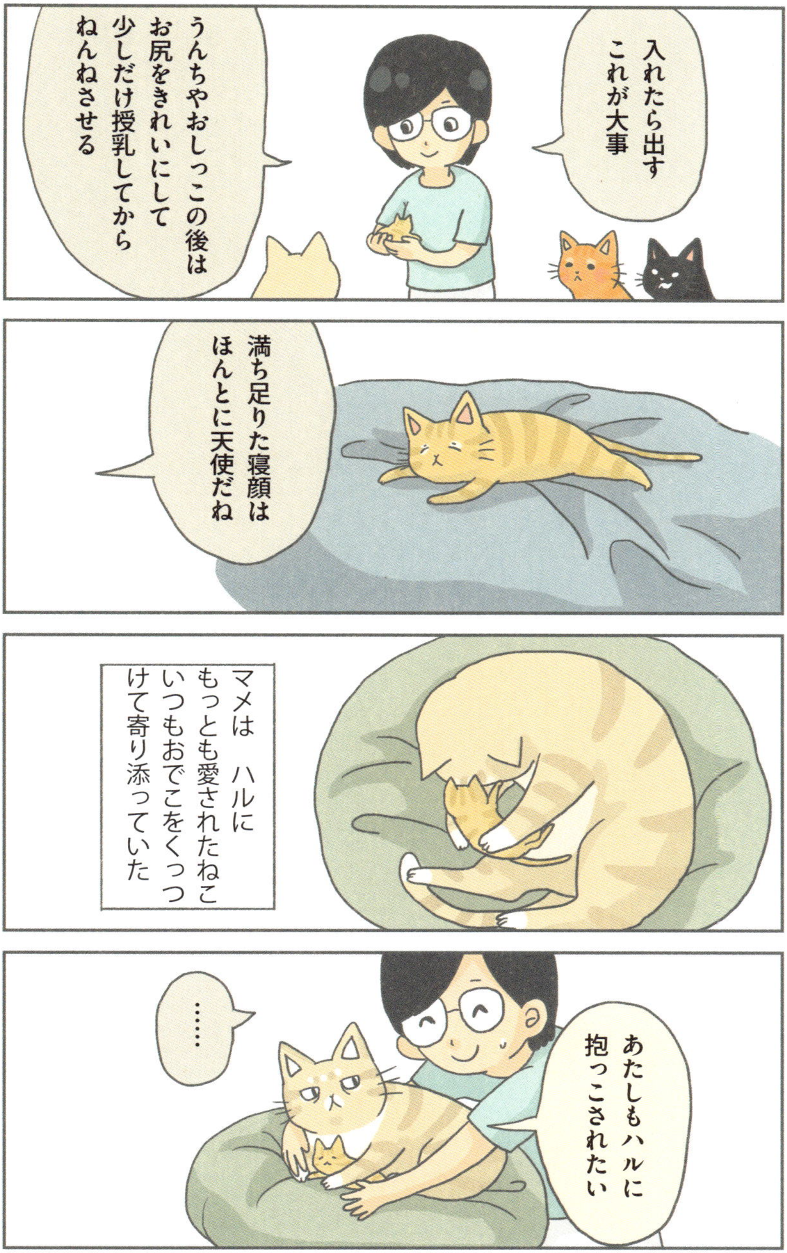
入れたら出す
これが大事
うんちやおしっこの後は
お尻をきれいにして
少しだけ授乳してから
ねんねさせる
満ち足りた寝顔は
ほんとに天使だね
マメは　ハルに
もっとも愛されたねこ
いつもおでこをくっつ
けて寄り添っていた
あたしもハルに
抱っこされたい
……

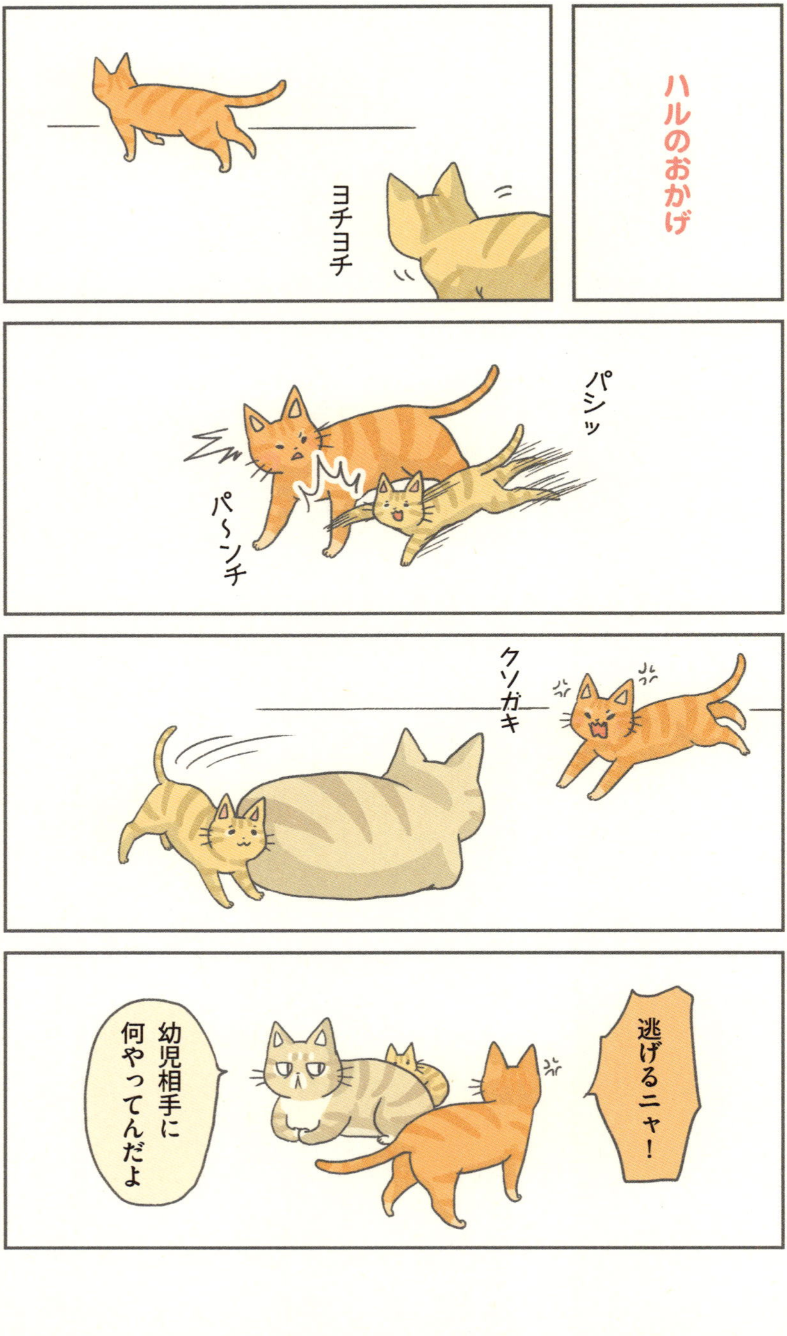
ハルのおかげ
ヨチヨチ
パシッ
パ〜ンチ
クソガキ
逃げるニャ！
幼児相手に何やってんだよ

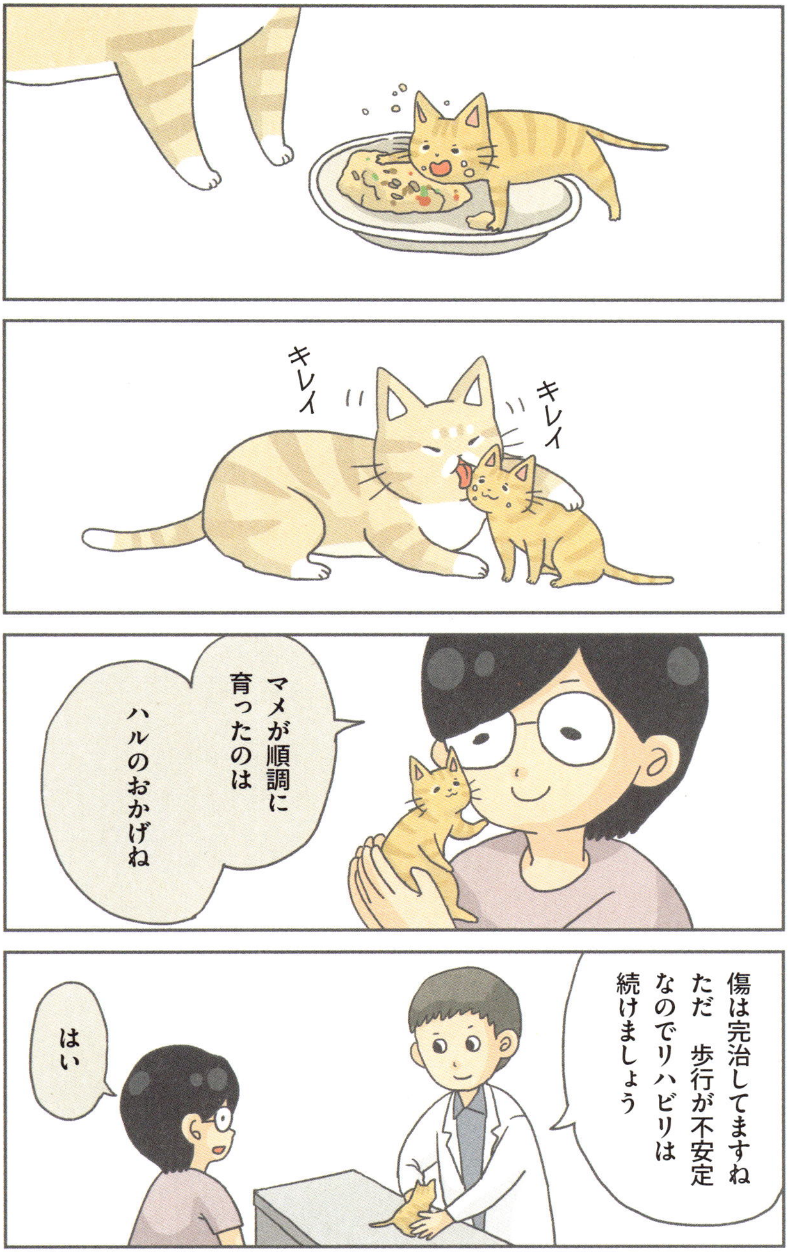
キレイ
キレイ
マメが順調に育ったのは
ハルのおかげね
傷は完治してますね
ただ　歩行が不安定なのでリハビリは続けましょう
はい

マメのリハビリ
25～30センチの高さから　クッションめがけてジャンプ30回
行け！
ねこじゃらしで誘導しながらジョギングさせる
ちかれた
もうやだ
ミー
ミー
ミー
まだ全部終わってないでしょ
無理強いはよくないいっす
マメの肩ばかり持って

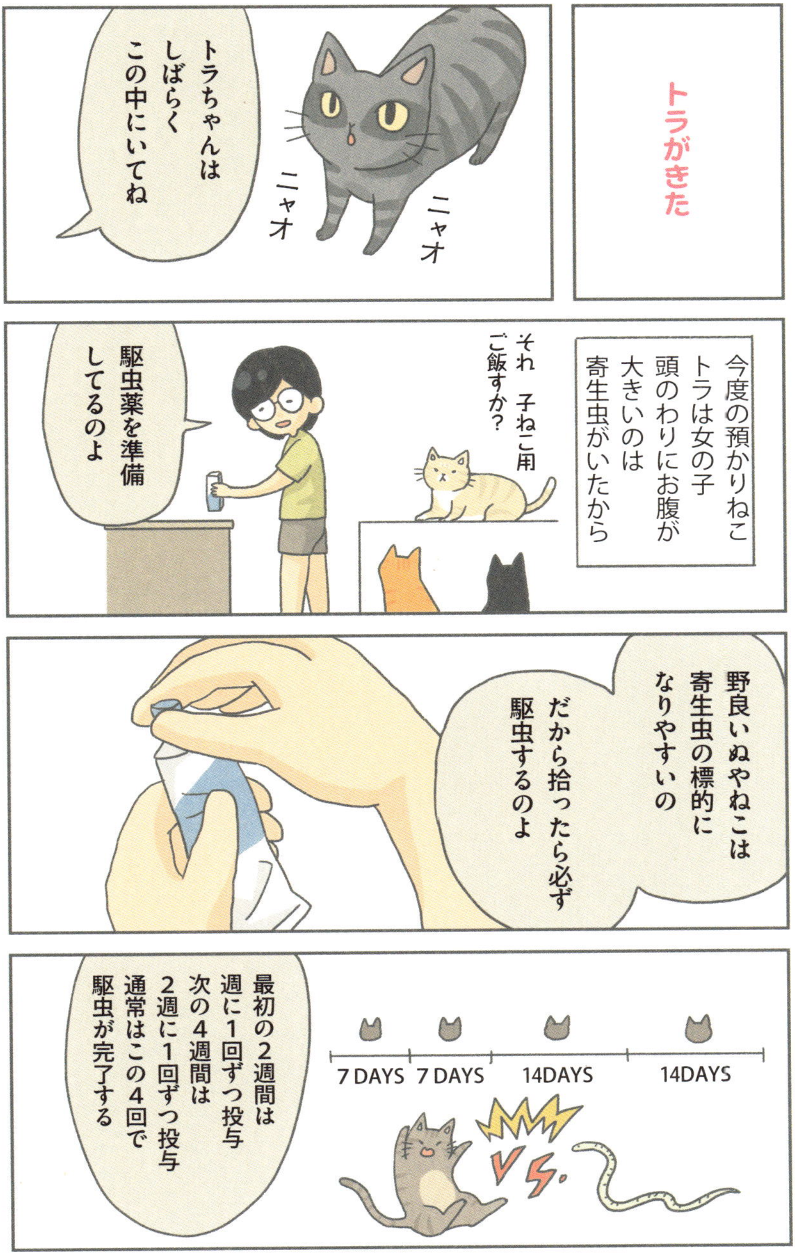
トラがきた
ニャオ
ニャオ
トラちゃんは しばらく この中にいててね
今度の預かりねこ トラは女の子 頭のわりにお腹が 大きいのは 寄生虫がいたから
それ 子ねこ用ご飯すか？
駆虫薬を準備してるのよ
野良いぬやねこは 寄生虫の標的に なりやすいの
だから拾ったら必ず 駆虫するのよ
最初の2週間は 週に1回ずつ投与 次の4週間は 2週に1回ずつ投与 通常はこの4回で 駆虫が完了する
7 DAYS
7 DAYS
14DAYS
14DAYS
VS.

でも小さいトラに
錠剤は無理だから
オーラルペーストを
なめさせるの
2週間後
検査の結果
トラの隔離は解除
皆と遊べるようになった
ニイニ
ニイニ
先住ねこたちが
トラを受け入れ
安心したのも
つかの間…
クウちゃん
うんちした?
片づけようね
ええっ!
け、血便⁉

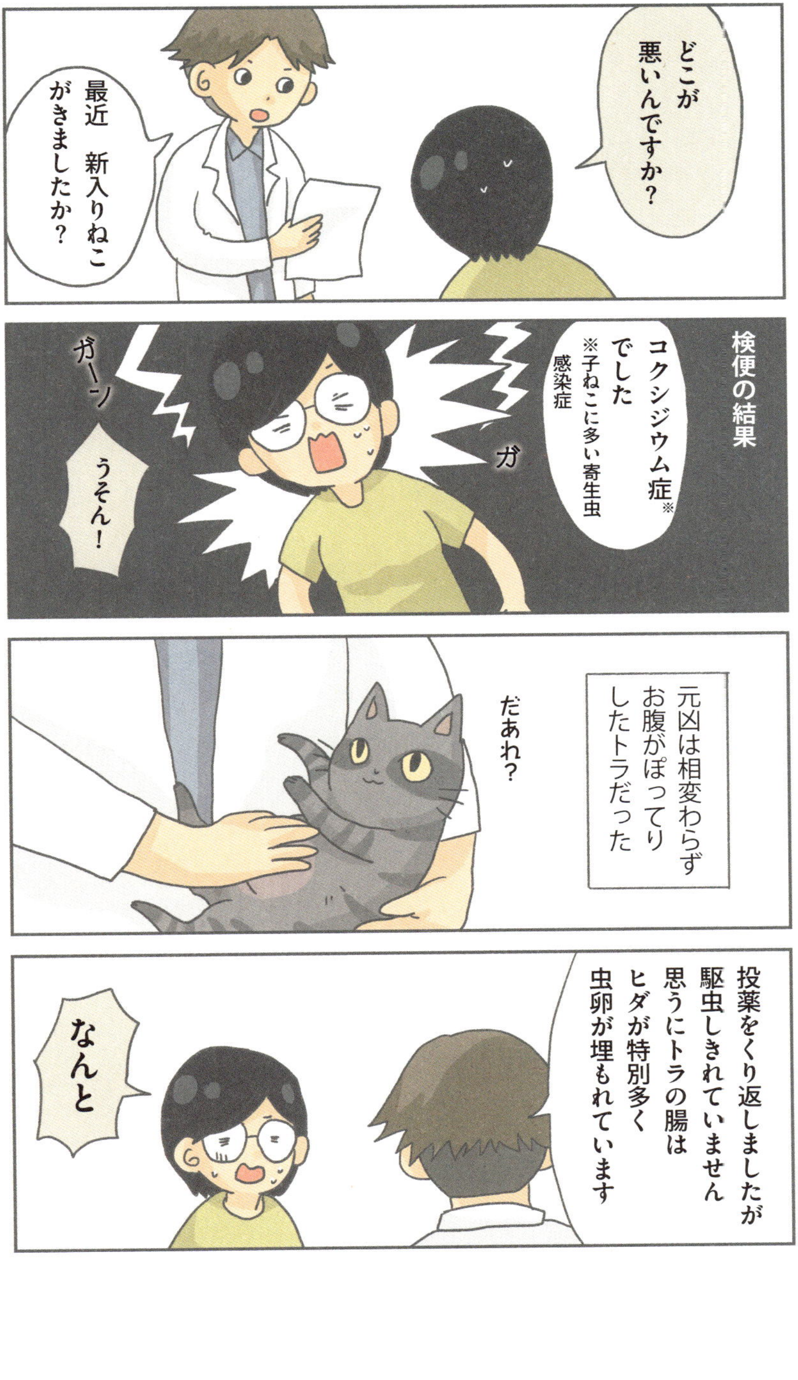
どこが悪いんですか?
最近　新入りねこがきましたか?
検便の結果
コクシジウム症※でした
※子ねこに多い寄生虫感染症
ガ
ガ〜ン
うそん!
元凶は相変わらずお腹がぽってりしたトラだった
だあれ?
投薬をくり返しましたが駆虫しきれていません
思うにトラの腸はヒダが特別多く虫卵が埋もれています
なんと

コクシジウムの薬を全員に飲ませることになってしまった
やれやれ
この薬はとても苦くて飲ませるのがたいへん 嫌がって泡を吹く子もいるほどだ
ガラ〜ン
シィ〜ン
薬の準備を始めると1匹残らず姿を消してしまう
トラのおかげで以後 新ねこを迎えるときは駆虫 検便 隔離をより徹底し感染予防に気をつけるようになった トホホ
わたしが
何か?

お姉ちゃんになる
トラちゃんは今日から家の子よ
ん?
ママの言うことを聞くのよ
5ヵ月の預かり後トラは友人に引き取られた
これからもこまめに寄生虫の有無を検査して　駆虫を続けたほうがいいよ
薬
いらない
わかったわ そうする
トラ お薬の時間よ
こうしてついにトラは寄生虫から解放された

数ヵ月後
赤ちゃんができたの
わー おめでとう！
いいお姉ちゃんになる！
親孝行なトラ
多くの人が ねこは妊婦にトキソプラズマをうつすと考えている 胎児に障害をもたらすので妊娠中は飼うべきではないと
ねこを飼っているから必ず感染するというわけじゃないよ
ウンチを口にしなければ大丈夫
妊婦はねこの大便に触れない まめに手洗いする 環境と飲食の衛生に気をつければいいんだ

妊婦や幼児に
やさしいねこは
たくさんいる
トラもそうだった
出産後は…
ミャオ！
ミャオ！
おっぱいの
時間よ
おはよう
トラ
おまえは優秀な
目覚まし時計ね
キャッ
虫だらけだった
トラが　今は虫退治
をしてくれるの
トラは大切な
家族

ハチがきた
友人の子と
あ ニャーニャ！
ニャーニャ！
ニャンコ
行くよ
ほら ママが待ってるから よそ見しないで
最近 ねこが増えすぎて
もう収容不可能

子どものママから
今 ちょっと話せる?
うん まあ 何?
娘が子ねこを見つけたんだけどエサやりにつきあってもらえる?
……
おいで おいしいご飯だよ
ミャア
こうして巻きこまれていくんだよね…
数日後
何てこと! 置いといたねこ缶に何か混ぜられてる
色からして毒々しいね
保護したほうがよさそうね
ニャー
ニャ
そ そうだね

ハチと命名
お風呂に入れたら すごいイケメンに なった
食べてすぐ 暴れちゃだめよ
タンッ
スタッ
すばらしい 運動神経だね
へへん
赤ちゃんのご飯は 食べない！
あはは 大騒ぎだね

ハンサムで
おバカさん
ガリ
ガリ
ガリ
ギシ
ギシ
ハチ あんた
何してんの
一日中
脱出しようと
してるのね
ガリ
ガリ
ははははは！
おバカだねぇ
挟まった
ダジゲデ
かわいい
早く写して！

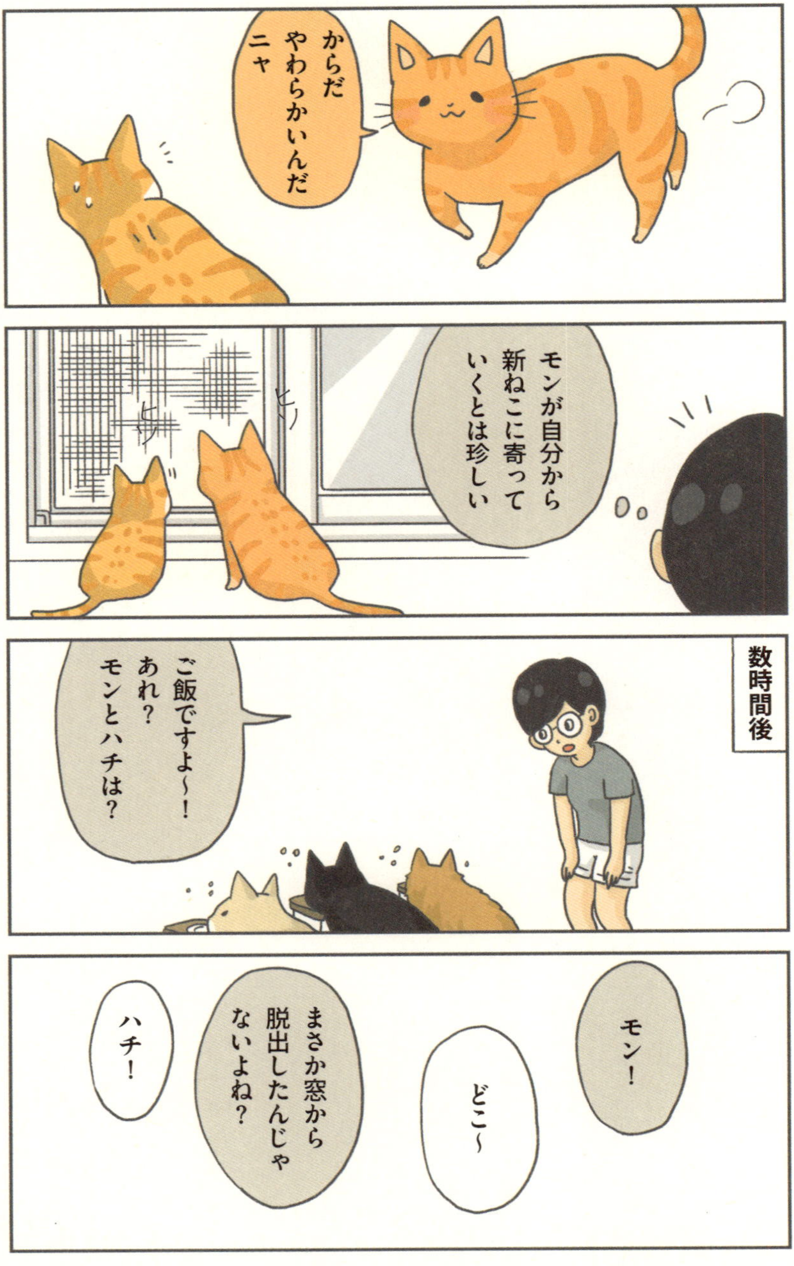
からだ
やわらかいんだ
ニャ
モンが自分から
新ねこに寄って
いくとは珍しい
数時間後
ご飯ですよ〜！
あれ？
モンとハチは？
モン！
どこ〜
まさか窓から
脱出したんじゃ
ないよね？
ハチ！

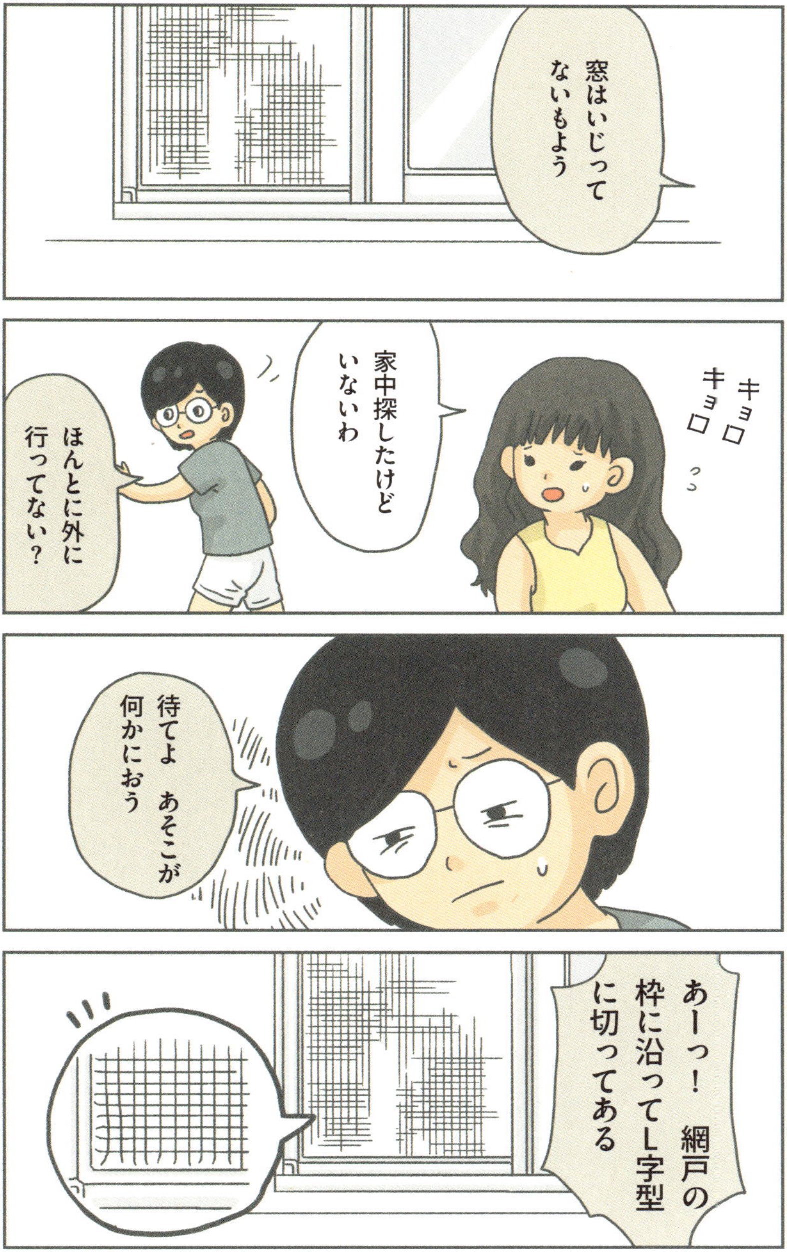
窓はいじってないもよう
キョロキョロ
家中探したけどいないわ
ほんとに外に行ってない？
待てよ　あそこが何かにおう
あーっ！　網戸の枠に沿ってL字型に切ってある

モン！　あんたの悪知恵でしょ！
外　おもしろかったな
幸いなことにハチには学習能力が欠けていた
ガリ
ガリ
大事にします
かわいがってもらうのよ
ほどなくハンサムでおバカなハチはもらわれていった
新しいママは絵を描く人でヤンチャなハチはアートを解するねこに成長したそうな

ハルママ家のある一日

おわりに

私は大人になってから、はじめてねこを飼いました。
喜ぶと思って買ってきた玩具には見向きもせず、ひたすら外箱と戯《たわむ》れたり、ひとりぼっちはかわいそうと新しい子を迎えたために修羅場《しゅらば》になったり、心を込めた手づくりご飯がスルーされたり……。
ねこは私の予想を超え、誰ひとりとして同じ子はいないと学びました。
今、私はアニマル・コミュニケーターとなり動物たちの声に耳を傾けていますが、すべての飼い主がアニマル・コミュニケーターである必要はありません。ただ、動物たちに寄りそい、それぞれの子が何を望んでいるのか、どんなケアが必要なのか、理解に心を砕き、行動していくことが大切なのだと思います。
わが子がすこやかなら、パパやママも安心。子どもたちを全力で慈《いつく》しむことが、結局は飼い主の幸せになるのです。

最後に一つ、お願いがあります。
ねこを拾う前に、自問してみてください。
動物病院（保護ボランティアではありません）や個人の保護活動家（どこも飽和《ほうわ》状態です）をあてにせず、その子の生涯に責任を持てますか？
とくに乳飲みねこの世話は心身ともにたいへんですし、途中で死んでしまうことも少なくありません。
ねこを拾うとは、自分以外の生命に介入することです。その覚悟はありますか？
もし、あなたがこれらを納得したうえで保護したなら、日々、親身な世話をしていくなかで、愛情が深まっていくことでしょう。本書には失敗も含め、そんな私の経験をつづりました。

春花《ハル》ママ

【著訳者略歴】

春花ママ（ハルママ）

６匹のねこ、１匹のいぬと暮らす。ほかにも預かりねこ多数。彼らのために転居・転職をし、日々、勉学にいそしみ、趣味はねこご飯・いぬご飯づくり……と、もっぱらねこいぬ中心の生活を送っている。動物のことばを解し、台北市でアニマル・コミュニケーターをしている。

ジョジー

イラストレーター、デザイナーにして、ねこお坊ちゃまの世話係（かなりM）。動物との暮らしは悲喜こもごもだが、発見と学びの毎日に幸せを感じている。

瀬川千秋（せがわ・ちあき）：訳

中国文化を中心に著述・翻訳を行う。著書にはサントリー学芸賞を受賞した『闘蟋《とうしつ》――中国のコオロギ文化』や『中国 虫の奇聞録』（以上、大修館書店）、訳書には『マンガ 仏教の思想』（蔡志忠・大和書房）、『わが父魯迅』（周海嬰・集英社：共訳）などがある。宝物は愛犬。

ねことハルママ 1

モンがきた！ ハルがきた！

2019年10月13日第1刷発行

著者　春花ママ＋ジョジー
訳者　瀬川千秋
発行者　古屋信吾
発行所　株式会社さくら舎　http://www.sakurasha.com
〒102-0071　東京都千代田区富士見1-2-11
電話（営業）03-5211-6533
電話（編集）03-5211-6480
FAX　03-5211-6481　振替 00190-8-402060
装丁　アルビレオ
本文組版　有限会社マーリンクレイン
印刷・製本　中央精版印刷株式会社

ISBN978-4-86581-217-6

まめねこ～まめねこ9 発売中!!

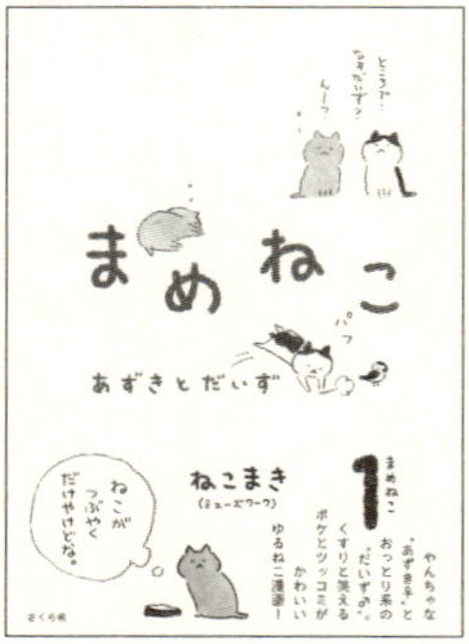

1～8 1000円(＋税)　　　1100円（＋税)

定価は変更することがあります。